猴 面 包 树

LA SÉCURITÉ ÉMOTIONNELLE DE L'ENFANT

ANNE RAYNAUD-POSTEL

儿童的情绪安全感

[法] 安妮·雷诺·波斯特尔 著　柯梦琦 译

上海三联书店

献给

我的儿子

西蒙

他让我发现了做母亲的极大快乐

献给

我的父母

埃莱娜和米歇尔

他们曾引领我探索人生

目录

第3章

我成为父母

第4章

如何建立这种关系？

结 语

成为负责任的父母

序

言

旅程邀请

安妮·雷诺是一个真正会讲故事的人。她带领父母和孩子，一起进入一场诗意且富有教育性的旅程，并提出一个关键性的问题：孩子如何成长，父母如何成长？

她曾做过全科医生，后来又成为精神科医生和父母学院（Institut de la Parentalité）的主任。她基于自己的经验来推展论述，讲到很多亲子关系的实际案例。她还引用了近期科学领域的研究成果，社会神经科学、积极心理学、选择性教育[1]方面的知识，以及依恋理论作为依据。

她告诉我们，孩子在初生之时还极为脆弱，心智尚未成熟，对他而言最重要的、真正必不可少的需求其实很简单：他需要有一个成年人理解他脆弱和不成熟的状态，让他能够依靠，尤其是当他陷入困境之时，即一个能够察觉并理解他情绪的成年人、一个让他在情绪和人际关系方面感到充分安全的成年人。

安妮详细而深入地介绍了鲍尔比（Bowlby）

---

1 选择性教育（pédagogie alternative）通常用来描述非传统的、新式的或非标准的教学和学习，或指非正规课程的教学。—— 译者注

的依恋理论，这种方法在我们看来显而易见，但是它极少被用来解决父母的难题。很多家长无法给孩子提供这份陪伴，原因有很多：他们自己不曾体验过这种亲切的关爱；他们没有意识到这种陪伴的重要性；他们尚且不能体会自己的情感和他们的孩子的情感；他们很焦虑，难以应付孩子；他们没有时间，等等。

安妮让我们看到很多父母身上的巨大矛盾。他们说“我很爱我的孩子，他是世界上最珍贵的存在”，但是他们只给孩子极少的有质量的陪伴。于是孩子变得焦虑、不安、好斗，形成一种恶性循环，使亲子关系陷入麻烦。父母感到精疲力竭。他们尽力了，但是他们感到狼狈不堪，不知道该怎么做了。

虽然很明显，作者没有忘记做父母是一份莫大的幸福，但是她揭示了这份经历的复杂性，父母会在自己的需要——个人的安逸、幸福的感情生活、有价值并推进自我成长的职业成就——和孩子的需要之间左右为难。要如何找到人们梦寐以求的平衡与协调呢?

安妮·雷诺提醒我们，孩子在长到六七岁之前，他的思维无法做到完全理性，我们要通过他在行为举止、睡眠、饮食方面的问题来倾听他传递给我们的信息。他经历了很多恐惧，他只是需要理解、安慰、支持。但是他最大的恐惧是担心父母无法随时随地给他情感关爱:“如果他们对我不够关心，我就会很害怕。”于是，孩子哭泣、躁动、喊叫、不好好睡觉、不好好吃饭，等等。

作者强调亲子关系对我们的成长至关重要，它超越任何其他关系，会改变我们的良知、信仰、世界观，以及我们和他人的关系。

如何确立必要的、有质量的关系，并在情感上随时做好准备呢?要怎样在感觉自己疲于奔命并时刻承受压力的情况下，还能做到逻辑一致、可以预见，给孩子一个足够稳定的环境让他在情绪上感到安全呢？我们的孩子总是听到“赶快”“快点儿”“马上”“晚一点儿”“明天”，而他们还没有时间概念，于是就引发了不理解、压力和不安全感。

安妮请家长们慢下来，按下暂停键来成就一段高质量的关系，获得“宝贵的时间”、随时做好准备的状态、情感上的亲近。在这段时间里，家长只需要亲密地陪伴孩子，充分地表达情感并发挥感受力。她说，珍贵的是父母和孩子在一起。

她也推荐了一些实用的工具，目的还是更好地让孩子获得安全感。比如给他提供视觉化的标志物——贴有场所及他即将见到的人的照片的日历，或者计时工具——带指针的小型时钟或者沙漏，以此来强化这种极为重要的情绪安全感。

这本书内容清晰，不仅为家长提供了宝贵的帮助，而且对所有跟孩子打交道的人——育婴保姆、保育助手、保育员、教育者、医生、寄养家庭抚养人、社工等——都有帮助。它让人们更好地理解孩子和父母，了解什么是对于孩子的健康成长真正必要的；什么能让孩子建立起对自己和他人的信任，参与到世界中；如何成为幸福而富有责任感的家长。

卡特琳·盖冈

引　言

成为父母，有人说凭本能养育就好，另一些人则出于好意力求打造最适合自己孩子的环境。在一个高速发展演变的社会，我们的参考标准变化如此之快，有关父母职责的言论遍地开花，做父母的会担忧是合情合理的。

我们不仅经常读到和听到，而且在生活中深刻地感受到“时代在变”“我们失去了参考标准”“社会在变革”“一切都如此之快，跟新技术一样快”……所有这些说法及其他众多没被列出来的说法，都反映了我们对生活加速变化的叩问。有些人断言我们的认知范式完全变了，我们应该转换自己的观念系统，因为我们所处的系统似乎无法正常运转了！的确有很多事情好像都出问题了：我们要对抗气候变暖，随之而来的经济危机，世界政治的动荡及由此产生的暴力……然后，在这种情况下，我们的孩子出生了，而我们由衷地希望给他们提供尽可能美好、温柔、有利于他们全面成长的环境……我们尽力保护他们，发挥巧妙的创造性引导他们在所有这些变化中长大成人。要给他们提供情感、家庭、教育的支持，让他们得以协调而充分地成长，这对我们而言是一项挑战。

但是如何“更好地”应对这项挑战呢？是否有方法呢？是否需要创造新的技术避免重蹈我们父母的覆辙？要怎么理解我们的孩子？他们跟我们有那么不一样吗？我们对他们有什么期待？要如何建立起亲子关系，引导他们长大成人？

我是精神科医生，我在看诊时接待过一些家庭；当我还是全科医生的时候，我也曾有机会去到一些家庭。这些家庭的成员不是在发脾气，就是夜里无法消停，理想中的家庭氛围常常是遥不可及的……

我的职业经历和个人经历让我去思考——什么是个人成长的基础，尤其是在生命最初的几年里。因而我在心理学、儿童精神病学、神经科学、个体发展和替代医疗[1]等多个领域进行探索。这些调查研究让我对家长职责和幼年儿童的关键问题有了更精准的理解。

总体来讲，所有人都会或多或少地关心与父母职责相关的问题，大家尤其关注在给孩子创造环境方面父母所应当表现出的认真态度。

如今，我们了解到孩子的脆弱和敏感，而本书的目

1　替代医疗是指尚未在普通的医学校内讲授的医学知识，以及尚未在一般医院内普遍实践的医学或医疗方法。——译者注

的就是帮助父母更清醒且更理智地迎接自己的孩子。

当下关于儿童发展方面的知识，尤其是从神经科学得来的知识，为我们使用将善意、正念和选择性教学相结合的全新方法提供了可能性。

这本书意在将所有这些信息——它们有时显得很散乱——联系起来，探寻孩子的基础性需要。理解这些需要，我们就能更准确地知道他们的身体以及尚不成熟的头脑有何感受。爱、善意、关心、保护、食物、照顾……这些都是我们每天努力为他们提供的。在这一连串要素中有一项内容脱颖而出，有些作者认为它是个人成长的基础。我想通过这本书跟你们分享的正是这个发现。

我们常常很难搞清楚：如何区分需要和欲望；如何区分哪些是孩子的，哪些是我们自己的；如何区分他们的期待和我们的目标。有没有一种需要高于其他需要？答案是有，是对于安全的需要，尤其是对情绪安全感的需要，这对孩子的发展至关重要。

“情绪安全感？医生，我从来没听说过这个词！我知道我的孩子需要被喂养、保护、教育、引导。可是安全感这个概念在我看来如此‘抽象’，它在我履行父母职责的时候有什么用？”

怎样定义“情绪安全”这个概念？这四个字背后藏着什么内容让我们感觉无法自动理解？“安全”(sécurité)这个词来源于拉丁语“securitas”，后者是从“securus”衍生来的，意为“免除担忧，毫无忧虑”。因而“处在安全状态”(Être en sécurité)就是避免危险，不担心任何险境。再加上情绪的维度，这个定义被扩展到情感体验上。于是，情绪安全既是一种平静的精神状态，也是一种身体安全的状态。弗朗索瓦兹·多尔多[1]给出这样的定义：“儿童要获得情绪安全感，需要我们允许他日复一日地在能力范围内进行冒险，而不去阻止他，注意别让他去冒会带来创伤的险。当他成功的时候，要让他正面看到他感觉自己战胜的那股力量，要对他进行称赞。”

任何个体都需要安全感，尤其是情绪安全感，终其一生都需要。在成长过程中，儿童期时个体对这种安全状态有着特定的需要。因此，“安全”这个词的定义并

1 Françoise Dolto, *Les Étapes majeures de l'enfance*, Gallimard, 1998.

不能仅仅依据我们成年人认定的——“我的孩子不能从床上掉下来”，或者“我注意着所有危险的事物以免他受到伤害”——这类客观标准，还要依据孩子感受到恐惧和焦虑的主观标准。实际上，孩子需要一个稳定的生活环境，需要对他而言重要的人时常在场。

虽然这个概念看起来有点儿抽象，但是它让我们重新以一种极为具体的方式来理解我们与孩子的关系，我们首先要学会感知孩子的情绪安全需要，然后努力在日常生活中进行实践。对这个概念的认识、理解和实验带我们进入一种负责任的家长角色，意识到在构建家庭这场伟大的冒险过程中孩子带给我们的挑战。

每个孩子都有一个奇特的故事，这本书邀请你们去解读这些故事。“好家长”手册并不存在。你们将看到相遇和发现他者的魔力。跟随各个章节，我们将理解形成这种关系的各个步骤，我希望，你们可以做遵循和谐之道的家长。

请你们同我一起踏上这段无与伦比的旅程，深入探索一个人的成长及其依恋关系如何形成。

第1章

变革中的社会

微观世界。

付出时间，主动倾听。

投注生命，不再吝啬。

感觉自己是大山上的一只蚁，

极为渺小却永恒存在，

随之产生运动：

一次联结，一次唤醒。

从万事万物的尺度来看，变动的是构造板块，

随之形成新的技术山峰、人际关系山峰，

爬过新的困难，越过断层，

从新的浪潮中，

收获新的泡沫，

这就是昔日的法则。

以多种形态不倦地变动：我们的社会。

宏观世界。

萨拉·卡约

现如今的家庭和家庭关系

在旅程的第一站，我们先确定一些定义，思考一下在我们的社会中发生变化的事情。现在的家庭概念背后隐藏着什么，为什么我们对现在的孩子谈论得如此之多？在虚拟现实和加速的时间进程的夹击下，我们的关系变成了什么样子？我们的生活常常受到诸多限制，而这些关系在生活中占据了怎样的位置？

家庭是所有社会变化的代表性体现，家庭随时间的变迁而发展演进，展现着社会的转变。在古代，家庭是住在同一个屋檐下的所有人。随后家庭朝着更具文化意义的方向演化，包含了因血缘和姻亲而结合的所有人，形成了一个群体。现如今，对于法国国家统计与经济研究所（INSEE）来说，家庭是指一户人家，至少包含两个人，要么是住在一户中的夫妻，以及如果有的话，与他们同属一户的孩子们；要么是一个成年人带着同属一户的孩子（单亲家庭）。但是，这个过于行政化的定义无法精准地描绘家庭这个概念在当今社会中所承载的具体而多样化的含义。

在法国，作为家庭构建基础的要素，婚姻也在被重新定义。它不再是家庭的基础了。无论是伴侣的构成还是伴侣的形式都发生了变化。在新技术浪潮下，恋爱关系是在约会过程中确立的——这些约会有时非常快速，网站替代了乡间舞会。适应全新的生活方式会带来一些机会，美好的爱情故事会吸引人们像对待消费品一样投身恋爱关系之中。实际上，“追求幸福的权利”促使人们更换同伴，以便遇到最符合自己理想要求的那个人。人们有各种机会去寻找伴侣，但是那仍可能会变成徒劳的求索，尤其是，这种情况下建立的关系极不稳定。这些情侣在一次激情约会之后不久便有了孩子，很快进入家庭生活。最终他们发现对方并不是自己的理想伴侣，他们的人生中充满了别离。如今，将近45%的配偶关系以分手告终。说这些并不是要批判什么，因为有研究证明：相比于和平分手各自寻找新的生活，不顾生活中持续存在的紧张冲突而继续共同生活对孩子更有害。

在不到几代人的时间里，我们已经完全颠覆了家庭结构的表现形式。过去，夫妻尽管有冲突却依然待在一起，因为他们和赋闲的祖辈住得很近，他们所在的社会时间过得“更慢”，道德不允许他们分开，如今的夫妻则自称摆脱了某些道德束缚。不过，要理解这些变化还需要更清楚地意识到，因为这些重组，我们的孩子经历了什么。实际上，在夫妻关系还没有形成和稳固之前，生育就快速发生了。这些年轻父母所拥有的基准观念，还没有来得及在内心深处融会贯通，就被全部打乱。问题突然发生，最简单的解决办法就是分手，这是结束难以忍受的情感痛苦的唯一出路。但是孩子会怎么样呢？

显然，如今家庭是围绕着孩子建立的：孩子出生，情侣就组建了家庭。因而当下家庭的构成是依赖于孩子的。我们通常没有意识到孩子承担着沉重的责任，而这种责任影响着我们对他们全部的期待。

除了家庭的定义被重新讨论，还有一些新的情况。社会中出现了一些此前人们觉得忌讳并且在道德上无法被人们接受的家庭实体——单亲家庭、因为数次恋爱而经历解散和重组的家庭、超越了由生物基因确认家长规则的同性恋家庭、辅助生育（30年间法国有超过20万个试管婴儿）的家庭……在法国，所有这些都要经过法律认可和社会辩论，在这个过程中，生物伦理学与教条法理产生交锋。关键在于要给这些变化赋予意义，在这些变化中，科学帮助我们超越了生理上的限制。

有些孩子生在这些新式家庭之中，他们出现在我们的日常生活里，我们想要探究他们的真实经历，以及我们这些大人的选择对他们的生活产生了怎样的影响。我们给他们提供了怎样的环境？我们对他们的实际体验足够关心吗？对于这些正处于成长阶段的孩子，我们要对他们的未来负责，要更了解他们的表现和期待，而我们有没有将自己的优先事项排在他们的需要前面？这并不是说我们要有一种说教者的姿态，而是要问问自己怎样去面对这场社会变革，不带评判，但能意识到关键问题所在。要不计一切代价生孩子吗？孩子是为了所有人的利益而存在的吗？我们有权为了建立一个家庭而生孩子吗？我们在孩子瘦弱的肩上压了怎样的重担？我们每个人都有自己的答案，它关乎每个人的利害权衡。跟你们分享这些问题并不是为了给出合乎道德的答案，让你们带着价值评判进行阅读，而是让大家踏上科学合理回答的轨道，这些答案可以在父母做出决定的过程中提供引导，也可以指引所有出现在孩子身边的专业人士。

随着社会进步以及人们对于新观念和新技术的适应，定义会发生变化，这很正常。家庭也属于人类历史中发展进化的方面。不过科学可以为我们提供线索来配合这一转变的实现。

我们的孩子:“小小变异体”?

有位奶奶在一场为祖父母协会举办的讲座上向我提问:“医生，我搞不明白如今我的孙儿们是怎么回事！我感觉我们给了他们所有的权利，他们变成了小‘国王’。他们认为自己能做任何事并且只能按他们的方式来做。这只是教育的问题，对不对？我觉得孩子的父母太忙了，不懂怎么教育孩子。他们又不愿意让我干预。他们觉得我插手太多了，觉得我抢了太多他们的位置，与此同时，他们在受不了的时候又请我来照看孩子！我感觉他们失去了自己的地位，而我也一样！”

这个问题在现代家庭中普遍存在，那些经常目睹孩子发火的人，他们的眼神也在控诉。这促使我们思考孩子的脑袋里在想些什么。他们变了吗，还是说改变的是环境？他们必须适应我们的生活方式带来的所有刺激（一切生活空间中无处不在的屏幕所传递的新信息或新知识）吗？他们是否天生就具备看待生活的全新视角？他们是否戴着可以解码我们生活方式的眼镜，已经很清楚地认识了我们的世界？或许他们要告诉我们一些想法，要颠覆传统中由成年人传道授业的模式——成年人就该什么都懂而孩子就该倾听？

卢卡的爸爸发现自己越来越难以忍受跟儿子在一起。儿子不听他的。卢卡不理解为什么在家里规则要由父母定。卢卡的爸爸觉得无论如何也不能让4岁的卢卡在家里发号施令！但是，为了避免卢卡歇斯底里发作，父母最终会如他所愿，他们希望获得一点宁静。卢卡的爸爸对我说："我是大人而他是孩子，他应该听我说话服从我，没得商量。虽然我试着努力跟他解释，但事情却变得更糟。医生，在我小时候，父母并不总是听我们说话，而那样似乎更好一些。"

没错，这些小萝卜头把我们给搅乱了，他们言辞激烈又一针见血，就像"导弹自动引导头"，他们质疑我们所信奉的。我们曾经确立过自己的标准——无论是对家庭还是对教育，制订了目标，而他们让一切都分崩离析。我们不知所措，因为害怕丢脸而不愿承认他们有理。于是对抗开始了，这种生活跟我们幻想中的家庭生活大不相同。

有些作者，比如让-保罗·加亚尔(Jean-Paul Gaillard)[1]，他对"变异体"小孩的形容是：他们的心理和人际关系机制都发生了变化，需要一份全新的说明书。他们不理解我们的

1 Jean-Paul Gaillard, *Enfants et adolescents en mutation. Mode d'emploi pour les parents, éducateurs, enseignants et thérapeutes*, ESF Éditions, 2014.

生活方式和思考方式。他们想了解我们在生活中遇到的困难——通常是紧张的，甚至是让人透不过气来的，想知道为什么我们如此频繁地抱怨缺时间或缺钱，却没有因此彻底质疑自己的标准。他们思考为什么我们固执地坚持自己的模式，其中一些陈旧的方案还占据主导并拥有如此大的力量。他们使用的参照系不再是我们那一套。他们不再适应带有教化规则的垂直等级制度。对他们而言，大人不再是“什么都知道”的参考答案。

和前代人不同，他们以横向的视角来理解关系和分级结构。对孩子们而言，并不因为父母是大人，所以他们就有道理，就是“有知识的人”，而他们自己是“无知者”。在他们看来，善与恶并不存在，伦理道德不再有意义。他们的个体身份更鲜明，他们对于独立自主、平等的关系有着强烈的渴望，被看见是他们极为重要的需求。道德、评判和竞争不再是驱动力。这种根本的变化让我们在面对他们的回应时感到非常无助。他们把我们的沟通模式和教育标准搞得一团糟。

这种全新的人生“生态”从若干年前开始出现，这种变化正在以越来越清晰的方式向前推进。我们的孩子就是这种变化的使者，他们不明白为什么我们在付诸实践上如此迟缓。

他们越来越明显地表现出对我们的世界的不理解。他们的心理问题可能有多种形式。很可能是因为我们更关心他们幸福与否，继而解读出更多他们的痛苦，于是，心理求助的申请数量激增。越来越多的孩子向儿童精神

病科医生求助。根据莫罗–布里森报告[1]，每年有将近100万儿童去专门机构进行过至少一次咨询。此外，有关儿童精神障碍的研究[2]显示，大约8个孩子中就有1个可能有过精神障碍。除了这些数字，还有一些数字涉及的人，他们在儿童时期的心理疾病没有得到关注，成年之后问题才显现出来。

我们是照顾孩子并为他们提供环境（无论是情感的、教育的还是更广义的社会环境）的成年人，重要的是，我们要更关注他们的情感表达。他们常常会通过行为问题、睡眠或进食问题来向我们传达他们难以做到或难以理解的事情。我不想用心理学阐释所有事情，不过我认为意识到我们的责任是至关重要且必不可少的。实际上，面对这些增长的数字，我们必须善用如今拥有的、所有涉及孩子需求的知识。有了这样的个人意识和集体意识，我们才能以一种全新的方式迎接我们的孩子。让我们也同样谦虚地去倾听这些“小小变异体”吧，因为他们有很多话要对我们说！

---

1 莫罗 - 布里森报告（Rapport Moro-Brison），“儿童幸福与健康任务”（Mission bien-être et santé des jeunes），2016年11月。

2 Éric Fombonne, *Épidémiologie des troubles psychiatriques en pédopsychiatrie, in* EMC–Psychiatrie, 2005, 2(3):169-194.

关系的力量：关注那些让我们产生联结和让我们成长的事情

一道与我们视线交汇的锋利目光会让我们从数码产品的毒害中解脱出来，无论我们是否出于自愿，突然之间，我们会重新发现自己一直以来不曾注意到的宝藏：关系，或者往大一点讲，关系网。

雅克 · 普雷维尔（Jacques Prévert）谈及幸福时说："当我们听到幸福离开时的声响，才意识到它的存在。"对于关系而言也常常是这样。只有当我们再也无法进入关系的时候，才意识到它的价值和重要性。当然，有些关系是让人产生联结或让人成长的，还有一些关系则让人心碎。那些解放人的关系创造美好的邂逅，为我们带来改变，而那些有毒的关系则让我们陷入痛苦。所有的关系在我们的人生历程中都占据重要的地位，不仅影响着我们的选择，还关乎我们的梦想和目标。我们甚至由此被引向某个合作伙伴或某个职业，我们家庭的组建以及与孩子的关系也受其指引。

"医生，您好，我来见您是因为罗马内。他爸爸和我分手了，现在我们之间的关系剑拔弩张。我有个朋友跟我说我的前任是个自恋狂。我读了一些杂志，确信了这一点。罗马内过得不好，他的脾气越来越大。我不知道怎么做才能在所有这些复杂的关系中保护好他，这些错综复杂的关系让我很受伤，我没法控制自己的情绪。”

在很长时间里，是社会科学（社会学、人类学、经济学以及社会心理学）的研究者在探索这方面的问题，关注我们之间联系的本质，也就是“人际关系”。社会心理学关心我们的行为，以及我们的思想和情感如何受身边人的影响。近来，之前独立发展起来的神经科学，通过对我们的神经、生物和生理功能的研究，也在探寻如何对这些行为进行解码，社会神经科学继而诞生了。它运用多学科综合的研究方法：进化生物学、神经生物学、内分泌学、心理学和经济学。社会神经科学的目标是：理解在参与社交活动时，我们的机体在生理和生物学层面如何做出反应。

研究结果显示：我们是社会动物。关于“社交大脑”的研究表明：我们本质上是彼此联系的。和那些有时被我们称作“同类”的人互动对我们的生存以及生理和心理的安适起着决定性的作用。我们无法离开其他人而生存。

现如今，科学告诉我们，是这些关系“塑造”了我们，关系对于我们看待他人的目光也起着重要的作用。多么棒的发现！从成长发育的最初几年起，我们就不断地与环境，尤其是与父母以及那些从我们出生以来就照顾我们的人互动，共同创造关系，制造了一副眼镜，戴上这副眼镜我们便可以看懂自己的生活，理解那些遍布我们生活中的事件，让自己得以成长。

如今，我们的社会得了“关系病”。丹尼尔·马尔切利（Daniel Marcelli）教授[1]说：“社会关系对于人类就像他呼吸的氧气一样不可或缺……”可是实际上我们做了什么呢？我们忍受着关系随我们的要求和技术的进步而发生变化，我们常常将关系变成一种虚拟的东西，它把我们困在孤独之中。

在父母职责领域，基准观念也像我们的技术一样飞速地发展和变化着。我们的消极怠惰会对孩子造成不利影响。他们期待我们更多地关注他们的需求，以便更好地引导他们长大成人。

1　Daniel Marcelli, *L'Enfant, chef de la famille. L'autorité de l'infantile*, Le Livre de Poche, 2006.

第2章

我作为孩子的目光

我的存在是否就是在治愈你的同时让你受伤?

或者，我只是没有伪装、完整而不一样的人?

我不会为你错过的成功冲锋陷阵，

也不会为我们无法避免的错误遮羞掩饰。

我既不是鸣响的丧钟，

也不是你人格的延伸。

如果我与你相似，那并非我意。

如果我发出回响，那并非我意。

你想要把我看作应声虫，起初很有趣，

却摧毁了我自己的希冀，

我的情感骨架从此分崩离析。

我要感谢的，是与我平等的人，而不是自以为是的你。

年龄重要吗?

一个眼神、一个耳光、叫喊出来的一个词，是我们的秘密，

我被禁锢其中，

我要全情投入我的生活，为此我首先需要工具……

爱和尊重是我的自尊之基石，

避免用力过度以致损害了我。

对于我——你的孩子，一个与你亲密无间的人，

倾听和分享会形成谦卑的尊重。

不是占有关系，而是亲子关系。

我手中的权力就是这份坦率，

随着时间的推移，规则会消失。

萨拉·卡约

那些“大人们”怎么说

事情发生得这么快……

现在的孩子会比过去的孩子更难搞定吗？怎样看待长辈的时代——他们经历过战争，失去过亲人，而且常常没得到过任何解释？过去，分享情绪被看作一种禁忌，或者被认为面对艰难的世界显得太过脆弱。过去，缺少食物、缺少舒适的居家条件、缺少金钱是生活的常态。

再看我们今天的生活模式，我们的生活相对容易得多，难道不是吗？但是，在这类分析当中，比较是没有意义的。情况不一样，形势变了，期望值也改变了。对于几代人来说，两代人之间的参照系不会有太大差异，而今日父母与孩子的参照系差异巨大，这在过去是难以想象的。然而，有多少成年人表达出对于这些孩子未来的忧虑——我们带给他们的世界有很多悬而未决的问题，生态方面存在危机，经济上也不稳定？他们所面对的挑战是不同的，但是无论如何都存在着挑战。

我们对他们的身体机能有了越来越多的了解。直到最近，我们才发现孩子是会患精神疾病的。过去他们只是被简单地看作“低能儿”或者“白痴”。人们甚至会让他们经历难以忍受的实验。最糟糕的或许是腓特烈二世在13世纪所做的实验，他想知道仅凭本能人类会说什么语言，于是他让6个婴儿处于完全没有口语交流的环境中。这6个孩子因为这种社交上的孤立而死去，这很好地证明了我们和他人的关系是维持生命所必需的。直到1943年，莱奥·坎纳（Leo Kanner）关注到儿童行为障碍的独特情况，他跟随西格蒙德·弗洛伊德（Sigmund Freud）的脚步，成为最早描述孤独症的人。随后，一些专门研究儿童障碍的精神分析专家也投身其中，比如安娜·弗洛伊德（Anna Freud）、梅兰妮·克莱因（Mélanie Klein），还有唐纳德·伍兹·温尼科特（Donald Woods Winnicott）。在法国，儿童精神病科是在1972年正式诞生的。

同样的，人们意识到孩子可以感受到疼痛也是最近的事。1987年，儿童麻醉师K.J.S.阿南德（K. J. S. Anand）提出“新生儿和早产儿的神经系统可以将感受伤害的信息从周围神经传递到大脑皮层”。换句话说，婴儿可以感受到疼痛。在20世纪80年代之前，给婴儿做手术不用麻醉，理由是这些尚未成熟的小孩不应该承担麻醉带来的风险，他们很可能无法真正意识到这种疼痛的体验，而且他们会很快将此忘记。人们如此坚定不移地相信肉体和精神是分开的，这让人倍感惊诧。1940年至1978年间，弗朗索瓦丝·多尔多（Françoise Dolto）在特鲁索医院的儿科看诊，她强调儿童有着作为人的感受，此时，在隔壁的科室，耳鼻喉科的医生同事正在给儿童进行无麻醉手术，她的同事认为孩子感受不到疼痛。如今，儿童的疼痛终于得到重视并且有人负责，即使对儿童疼痛的评估仍然存在很多疑问。

这种历史背景说明所有社会发展过程中都有摆锤效应——从一个极端走到另一个极端。处于摇摆阶段是很不稳定的，但是，在理解这些现象的过程中要想达到平衡通常必须经历这样的阶段。如果你稍微推一下钟摆，它就会先往右摆，然后往左摆，又重新往右，只不过摆得没那么远，再回到左边，持续摆动直到某一刻它停在中间。我们对儿童的看法遵循着同样的原则。我们一开始把他们说成低能的、未成熟且无知觉的，如今又把他们看成“微缩版”的成年人，拥有许多能力，非常聪明，甚至有很大的潜力，因此，他们必须能够回应我们对他们提出的所有要求。他们应该在小小年纪就表现得通情达理、负责任，以满足我们成年人的期待。

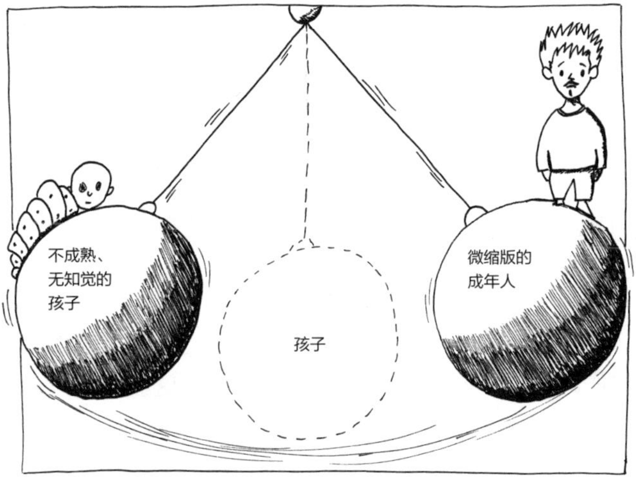

“大人们”的要求

我在看诊以及与家庭会面的过程中，经常不得不正视我们加诸孩子身上的要求。这些要求更像是大人期待孩子满足自己的需求：孩子在很小的年纪就能够用非常成熟的口吻说话，甚至对大人表现出同理心，于是我们几乎心照不宣地期待他们理解我们的限制和不得已。我们的需要常常压过他们的需要。看诊的理由就能说明问题：父母难以树立威权，孩子不听话、莫名其妙发火或者为没有那么糟糕的事情表现得失落沮丧。所有这些行为打乱了我们的日常生活，我们要将其频率降到最低限度。我们在家庭、人际关系和职场之间来回切换，在这样的状态下生活，我们的怒火一触即发。我们尽可能做到最好，但是没有用，我们的孩子好像不明白我们试图投注到生活中的所有善意。对于付出高昂代价才能拥有的家庭和谐、被人承认价值并且获得充分发展的职业成就以及正当合理的个人安乐，要在它们之间找到平衡是一种日常的挑战，我们的情绪状态会因此变得很不好。我们的孩子有时——甚至经常——打乱这套机制，虽然看起来它运行得很顺畅，但是，如果我们仔细检查，在其中并不一定能找到我们期望的幸福，或者只能很短暂地感到幸福。

孩子们的“小脑瓜”里究竟在想什么呢？他们怎么看待我们大人的世界？如果我们认真倾听，他们会说些什么呢？

从小萝卜头的视角我感知到了什么

只有强迫……几乎没有游戏！

只有命令……几乎没有时间！

大人们有时让人难以理解……

我正在进行一场美妙的冒险之旅。在我的人生中会发生什么事情？有那么多事件像海啸一样从我的生活中席卷而过，有的令人振奋，有的则让人难以应对。我的大脑还没有发育到足够完备来理解所有的事情，我总是不知道要如何表达我的身体和内心所感受到的强烈感觉。

我来了！

一切似乎是从孕育和生下我的这位女士的肚子里开始的，在这段过渡的时间里，我的身体在形成。我在那里，安稳地浸泡在羊水里，羊水减弱了震动，保护我不受外界时断时续的动作的影响。关系开始建立起来。慢慢地，我们相互适应，相互探索。有一些我们共同经历的重要事件，哪怕我没有直接接收到妈妈的焦虑情绪。有些时候，她很担心会把所有的焦虑传递给我。我感知到她的声音和抚爱。她的想法和话语让我与她（与他们两个——我的父母）相联结。我的出现确实给她的身体和内心带来了变化。她并不是独自经历这个成为母亲的转变过程。即使我的爸爸在身体上没有什么变化，但是他也在以他的方式参与，他也同样经历了转变。

然后就到了见面的时候，这是“生活环境的搬迁”。

因为，就像鲍里斯·希鲁尼克（Boris Cyrulnik）[1]所说："我们的生命，我们的出生早在分娩之前就开始了，不过在那一天，我们搬了家，改变了所处的环境，离开母亲的子宫——我们最初的水中住所——降生到这个在空气中的群居世界。不过这并不是人生的第一天。这是一场生活环境的搬迁。"

日复一日，我们的依恋关系逐渐形成，这些关系塑造了我们看待自己、看待他人以及人生际遇的目光。

其他哺乳动物都可以很快下地走路，并且获得一些自主性，但我和它们不同，我完全依赖身边人无微不至的照顾，人们称之为"幼态持续"（néoténie），即我出生的时候还未发育成熟，因为发育变化还在持续。这是一个机会，因为我能够适应环境并且发展好奇心，同时，这也是一个不利因素，因为这样的我很脆弱，如果负责照顾我的人没有意识到我极为脆弱，我甚至会面临危险。这就意味着我的父母必须意识到：如果他们没有认真关注我的需求，那么我就很危险。因而我期待在我还无法进行清晰表达时，他们能理解我并给出回应。

1 Boris Cyrulnik, *Sous le signe du lien*, Pluriel, 2010.

我需要进食、身体上得到照顾、获得保护，但是只有这些还不够。我们在前面提过，我还需要至关重要的人际关系。第二次世界大战期间，许多儿童成长专家有机会在儿童失去关怀环境的情况下观察他们的行为：他们日渐衰弱，将自己封闭起来，极其消沉（依恋性抑郁[1]），甚至死亡。依恋理论出现了，它阐明了儿童对于安全的需求：这是贯穿本书的关键线索。

我成长和我发现

生命最初几年的经历在我人格形成的过程中至关重要。这并不是“决定论”（并不是一切都在3岁以前就决定了），不过我的确在最初几年建立起某种人生蓝图。接下来我可以根据这份“说明书”构筑我与他人的关系，以及我的期待、感受和阐释。这里并没有必然的宿命：我的韧性、我个人对痛苦经历进行转化的能力日后可以发挥作用，它们与最初几年的记忆融合并实现超越。但是，要想做到这一点，我必须投入一整套搭建和整合的工作中。

1 已经感受到依恋关系的婴儿（6个月到1岁之间）在和母亲分离时会发生被人们称为“依恋性抑郁”的症状。婴儿的这种抑郁症的概念是在1946年由精神分析学家勒内·施皮茨（René Spitz）提出的。依恋理论后来从这些著述中浮现出来，阐明了这种对于安全的需求。

因此，在生命最初几年里我很敏感。神经科学可以为此作证：我的大脑正在全速发育，我所构建的神经通路和我在环境中体验到的事情相连接。为了让我的人生蓝图能够协调地建立起来，我需要拥有充分的条件。这样我就能做好准备探索我的人生了。

现在我来到了我的家庭，我开始慢慢地熟悉那些日常照顾我的人的面孔，他们守着我睡觉，给我喂食，我沉浸在他们的爱里。我已经能非常敏锐地感知他们是否处在心理上自由闲适的状态。他们的每道目光和他们的关心对我而言是成长的基础要素。有时妈妈很忙，因为她的脑子里有很多事情：她马上就要重新开始工作了；我的哥哥刚从学校回来，上学对他来说不太容易；爷爷生病了而她必须去照顾……这一切对妈妈来说并不容易，但是，我没法理解她，我只需要她的目光和她的关心。我能感觉到有些时候她做不到，不过重要的是在这种困惑之中仍有一些小的联结，比如我感觉当她跟我在一起的时候时间仿佛暂停了。她不是超人，没法每时每刻都陪在我身边。但是我需要从所有这些限制之中争取到一些小小的空间。爸爸也在。他试着尽其所能地支持妈妈，帮她做家务，但是他也有自己的工作和职责。他并不总是明白妈妈让他做什么。看样子做父母不是件容易的事！

时间过得很快。我快要3个月了，我还需要加固与亲人之间的联系，但我还是会被托付给其他人——他们在我父母工作的时候照顾我。对于爸爸和妈妈来说，这么快就要把我抛下，他们常常感到很内疚，而他们希望一切顺利，希望我能跟保姆或者托儿所的孩子们开心地在一起。对我来说，这么快就离开他们是多么大的挑战！我哭起来，想让他们知道离开他们是很难的。我会习惯这种全新的状态，尤其是当我的保姆有时间陪我，或者在托儿所有一位老师照顾我的时候。有时候，我并不完全明白在新的环境里都发生了什么，有时我有点多疑，我把自己封闭起来。我认不出或者说无法识别在我感觉危险时哪些人可以让我安心。当然，我说的并不是大人所想的那种危险，而是我自己的体验——我作为幼小的孩子投入一个我还不理解其运作原理的陌生世界里。为什么迎接我的人每天都不同？为什么人们为了安抚我会把我从一个人的怀里送到另一个人的怀里？这只会让我更焦虑。为什么……

我经历了一些事情，如果有人认真分析我将在未来几年取得的进步，就会觉得那是很自然的。在3年的时间里，我将从一个完全依赖成年人的婴儿变成会走路、会说话的小孩，然后开始上学。这是人生中一个阶段，我快速转变。这是了不起的变化，而我经常感觉大人们忘记了所有这些！要实现这项成就，我必须探索生活带给我的所有经历……但我常常很害怕！我需要得到安抚、引导，获得安全感。这一点很重要，会让我渴望走路，想要在世界中探索，想要学习说话以便跟其他人交流，以及发现生活带给我的所有惊喜！

我学习

我在父母关心的目光下成长，他们仔细观察着我所获取的所有知识。关于发展的科学（les sciences du développement）让人们了解到学习有几个不同阶段。在这个极为关心标准和成绩的社会里，竞争精神是行为的动机，人们期待我取得一些进步。我开始走路，我牙牙学语，我掌握了一门语言，我会洗澡了……我成长过程中所有这些关键的发展都是我父母关心的。我明白关注一些信号是有必要的，那表明我正在经历某种痛苦。但是他们根据一些标准对我进行分析，完全不考虑我的个性。我必须进入被大人们称作“规范进程”的轨道中，它有时太过死板：像其他人一样，做同样的事情，和所有人在同一时间学习。但我不是“所有人”，我是独一无二的！我试着用自己的方式向他们提出抗议，我不好好睡觉，拒绝吃饭或者激动不已……于是，对我父母来说，对我成长过程中遇到的所有人来说，要辨别我正常的表现和可能有困难的信号成了难事。人们很容易把本应警惕的行为看作正常，把我表达个性的行为视作“病态”。

这些问题在我开始上幼儿园的时候变得更加明显。事实上，人们期待我很快（甚至是极其快）进入所谓的“学生状态”，我要很主动地投入大人们称为“学业”的事情中。可是，我只想发现生活和探索人生。当然在这场探索冒险中我需要得到指引，上幼儿园的规则是我所依赖的第一个框架。尽管我的大脑运转相当快，我能轻松地接收和记住信息，但是我年纪还小，没法吸收理解所有这些信息。我只有四五岁，我还想有多些时间玩耍。于是“大人们”说我不够成熟，我没有应对好失落的情绪，我的情绪超出了我的控制。我感觉他们不理解我的大脑还没有发育好，有些事我做不到！所有人都认为我是个“小大人”。

所以说，上幼儿园对我来说是极大的挑战。我必须去探索一个我不了解的世界，那里和托儿所很不一样。我要变得优秀，要和其他人步调一致地掌握知识以应对考试——幼儿园时期就有。我必须采取一种适应集体生活的行为方式。我需要学着和其他人建立关系，这意味着：与同伴发生冲突、嫉妒、吸引老师的关注——那么多学生只有一份关注……

还有，有那么多不同的人来照管我：两位早间负责幼儿园的女士、女老师（有时会换，因为她有很多工作），负责食堂的女士，以及晚间负责幼儿园的人……当我不是很安心或者我想妈妈的时候，我不知道该找谁。我感觉有点迷茫，我害怕了。

有时家庭生活会发生变化。爸爸和妈妈不再相爱，他们决定分居各自生活，又或者我的妹妹刚刚出生了。对我来说理解这些变化太难了！而他们对我还有很多要求！我感到不理解，但我很难识别它并清晰地表达。

雨果4岁了。父母带他来找我看病，因为他在家里和学校生气地大喊大叫。我们一起玩，拼了一辆火车，并且讲了一家人要去散步的事。雨果跟我解释说他知道父母因为他不乖而生气。“安妮医生，你知道的，有时候我心里的门打开了，愤怒女士喊叫着跑出来。我试着把她关起来，让她不要再来烦我，但是我做不到。”于是我对他解释：通常害怕女士藏在愤怒女士的身后，而我们看不到她。

我在长大

我的日子像一场冒险！当我回到家，我必须听话，去洗澡，在爸爸妈妈决定吃饭的时候去吃饭，去刷牙，去睡觉并且不能哭！对于这一点，我有时不能答应！

我小小的大脑还不够成熟，不能理解大人们的生活。他们对我解释说：他们必须去工作才能把橱柜装满；他们的工作很重要，因为有了薪水之后我们可以去度假。对我来说这些解释没有用，我只是想要和需要有一点儿时间和他们在一起，特别是要能感受到他们理解我。所以，晚上，我会在吃饭或睡觉的时候吸引起他们的关注，强留他们和我待在一起，尤其是哄我睡觉——有时在夜里。这不是任性（在4岁之前我还不会这样做）。我真的需要感觉到他们在身边并且他们有时间，我需要确信他们会在，并且我可以依靠他们。我经常会对很多事情感到害怕，因为我无法将恐惧说出来，所以我用行动来表达。

我尝试理解大人们的世界

我认为，大人和我，我们生活在两个不同的现实世界里。这很正常，我们不一样。但是，我常常感觉成年人并不理解我和他们不同。当我要求他们花时间陪我的时候，我有时感觉他们很烦很气恼，因为他们抱怨没有足够的……时间。他们常常看起来很疲惫，对所有发生在他们身上的事情感到生气。他们的生活看起来很复杂，他们有那么多事情要做！他们的人生像是永不停歇的赛跑。他们不仅有很多计划，也有很多忧虑。我很清楚他们已经尽力了。但是看样子，对他们来说，要同时应对所有这些是很困难的！就好像他们在同一天里过着好几种生活。而我，只是想跟他们玩，和他们在一起，和他们一起分享。他们觉得只花一点时间陪我就够了，他们觉得我会满意。但是我还没有疲倦，我一点都不想停下来！对我来说，宝贵的就是在一起！这是人生珍贵的礼物，我想要对他们大叫。

无论如何，在六七岁之前，我不能理解大人的世界。我们的想法不一样，我不能理解他们就很正常……不过我仍希望他们时不时停下来，看看生活可以多么美好、多么愉快。

作为孩子的我，怎样生活？

我从出生起就会做的事

就在不久之前，人们认为我不会难受，认为我什么也感觉不到，或者只能感知周围世界中很少的一点东西，认为我不会记得生活中的事件……不过一些非常善于观察的研究者意识到我在出生的时候已经具备了一些能力。弗朗索瓦丝·多尔多[1]做了很多研究来描述我的生活！没错，我是一个人。从我人生最初的几个月起，包括在妈妈肚子里时，我需要有人跟我说话，有人像对待人类而不是一个大部分时间在休息的消化器官一样对待我。但是我还没有发育成熟，我需要很多关心才能继续发育。另一些研究者，比如埃丝特·比克（Esther Bick）继续对我进行认真的观察，以便更好地理解我。尽管过去人们认为我在面对环境时是被动的，但一些研究明确显示，我不仅比人们认为的更加主动，我还可以做出一些行动。我从“幼体”状态变成“同伴”状态，我是一个拥有意识，能够与他人建立关系的人。多么重要的发现！雅克利娜·纳德尔（Jacqueline

1 Françoise Dolto, *Lorsque l'enfant paraît*, Points Seuil, 2014.

Nadel)[1]是这个领域的先驱。她发现我从出生时起就开始模仿人们对我做的鬼脸。她在自己的著作中指出，模仿是向他人学习和自我学习的工具。揭示我从出生起就拥有的才能的研究又向前迈进了一步。走出下一步的，是心理学者科尔文 · 特雷瓦森（Colwyn Trevarthen），他发现即使是出生时尚未成熟的婴儿也会愿意与照顾他的人建立关系。每个人都有这种“初级人际沟通”能力。现在，舞台固定下来：我是一个能感受、能理解、能分辨、能模仿的人。当我的大脑发育成熟之后，我便能够思考了。

我的三个大脑

在思考过我如何成长之后，在发现我能感知痛苦和环境状态之后，科学研究开始关注我的大脑。在探索我的行为机制的过程中增加这一步，我们可以更深入地了解所有这些知识并且有机会验证数字时代之前的作者们所讲到的事情。我们的时代棒极了，而我们只有兴奋地面对人类的这项探索能力——人类已经越来越深地探索到生命诞生的每个过程。然而，很多研究者谦虚地表示：我们

1 Jacqueline Nadel, *Imiter pour grandir. Développement du bébé et de l'enfant avec autisme*,Dunod, 2016.

对此发现得越多，似乎了解得就越少，越发觉得有待探索的领域还很多！

关于我的大脑,研究者们说了些什么呢？在情感神经科学和社会神经科学[1]向我们揭示的所有事情中，有两个信息是最关键的:

◉ 我的大脑极其敏感、极其脆弱，尤其是在我生命的前三年。

◉ 我的大脑具有可塑性。它可以在我成长的过程中与周围的环境深度互动，环境会带来情感和人际关系的体验，深刻影响大脑发育。

我要给你们讲讲我对自己大脑的理解。神经科的医生可能会对我的简洁感到震惊，但是这样我能更好地向我的父母或者与我亲近的人解释。

我的大脑由三部分组成，每个部分之间由许多神经回路连接。每个部分都承担着自己的任务。

▶我的本能脑

第一个大脑是开启人类成长发育过程的大脑。它是“爬行动物脑”。从我出生起它就要发挥作用了。可以说

1　Catherine Gueguen, *Pour une enfance heureuse : repenser l'éducation à la lumière des dernières découvertes sur le cerveau*, Pocket, 2015.

在我生命的最开始，它就是成熟且能够发挥功能的。为什么呢？因为它负责保护我免受一切可能攻击我并且威胁我生命的外在因素的影响。它凭借本能反应无意识地回应令人害怕的刺激。在我感知到危险时，它会改变我的呼吸和肌肉状态。在它认为事情很重要的情况下，它可以绕过另外两个大脑。但是对于危险的定义是非常主观的。有时候，我的父母感受不到我所认为的那种危险！要怎么向他们解释呢？要怎么告诉他们——在我生命的最初几年，对我来说最大的恐惧就是看不到父母、担心他们没时间陪我？我跟你们说过，在最初几年里我完全依赖身边人——尤其是我的父母——慷慨付出的照顾。如果他们离开了，或者我感觉他们沉浸在自己的思绪和忧虑中，如果他们对我不够关心，我就会害怕。我的“无意识”大脑要开始运行了。它启动后，我会做出一些行为，这就说明我害怕了。我哭泣、焦躁不安、无法平静下来。有人会觉得我任性，我只是太害怕了。决定我行为的是我的爬行动物脑，我还太小，无法告诉自己：没事的，我能够自己平静下来。我如此需要父母，需要他们关心我，需要他们在我害怕的时候抱住我。但是要怎么告诉他们呢？我只能哭泣、喊叫和手舞足蹈。我知道对我的父母来说，看着我哭泣不是件容易的事情，他们想让我平静下来，并且想尽一切办法试图做到这一点。有时候，比如我不睡觉的时候，他们因为无法哄我睡着而感到不耐烦，于是决定任凭我哭泣，先是一小会儿，然后时间长一点，之后是更长的时间。其实，我只是太害怕了，妈妈越是着急离开，我就越害怕，哭得更厉害。当然，我在9个月和3岁的时候是不一样的，但是通常是恐惧支配着我的行为。这有点儿像在幼儿园，我并不是很安心。我很焦躁，老师把我送到另一个教室想让我安静下来，但是对我来说这更糟了。在那里，我真的不认识任何人，我更害怕了……我表现得更焦躁不安。有时候一天里我要换好几个教室，然后是课余活动点、食堂……这是真正的噩梦！

我对这个大脑没有任何办法，而我的父母也没有。如果你害怕蜘蛛，别人反复跟你说蜘蛛很可爱是没用的，你不会相信。对我而言是一样的：如果我害怕离开父母或者害怕离开照顾我的人，有人对我说这没关系，我不会相信他，我会继续哭泣，表现得焦躁不安。

▶我的情绪脑

第二个大脑是在我们人类进化的过程中出现的，人们称其为“边缘大脑”(limbique)。它负责情绪，并在我们做决定的时候发挥关键作用，它对我们的记忆和学习方式也起着关键作用。杏仁核就位于这个大脑之中。因为有了这个大脑，我能在他人身上感受和体会到一些情绪。虽然这个大脑从我出生起就发挥作用，但是它还没有发育成熟。我需要4到5年的时间来理解所有的情绪机制，继而以更合适的方式来应对情绪。我的父母来找安妮医生并跟她说我无法应付失落情绪时，我只有3岁，这明明很正常！我的边缘大脑还不能做到这一点。我可以学习并且经常接受劝导，但是要怎么向父母解释我的大脑仍在发育，它还不稳定？在最初的几年里，我会去探索我的情绪，辨识它们，感受它们，从我自己的经验出发，渐渐地开始理解别人的情绪，解读我的情绪和行为会对别人有什么影响……对我而言，这真的是错综复杂！幸好有一些游戏可以帮助我，还有爸爸给我读的故事和妈妈陪我看的动画短片，妈妈会给我解释为什么小棕熊哭了，为什么它感到很难过。父母与我分享他们的一些情绪是很重要的。他们用实例告诉我，我们都有情绪，分享情绪是件很幸福的事。有时候，为了保护我，父母不愿让我看到他们难过，他们认为这会让我也变得难过。但是对我来说，即便他们隐藏自己的情绪，我仍能感受到，只是我不知道那是什么。

也是因为这个大脑还不成熟，而且我的记忆还在构建中，我没法给父母讲述自己一天的经历。“亲爱的宝贝，你一天是怎么过的？”“我不知道……”“你和老师一起做了什么活动？”“我玩来着……”“食堂好吗？你吃了什么？”“我不记得了……”

妈妈认为我对她有所隐瞒，我故意不跟她说。但这只是因为我没法轻松地调取我的情绪记忆！也是因为这样，我要去看安妮医生，我遇到了一些难过的事情，需要她陪我玩，由此唤起我被埋没的记忆。

我在人生头5年里要连通第二个大脑，但是它还远没有达到健全和完善。于是我需要周围亲近的人促进它发育成熟，让我更好地理解它，更好地理解自己、理解其他人。我需要获得引导，让它能够学习人们要求我掌握的所有东西。我知道你们希望我按照期待马上理解你们，而且如果我很“乖”，你们也会更轻松，但是我没法加速成熟的过程！

▶我的理智脑

第三个大脑是“新大脑皮质”(néocortex)。它负责的是

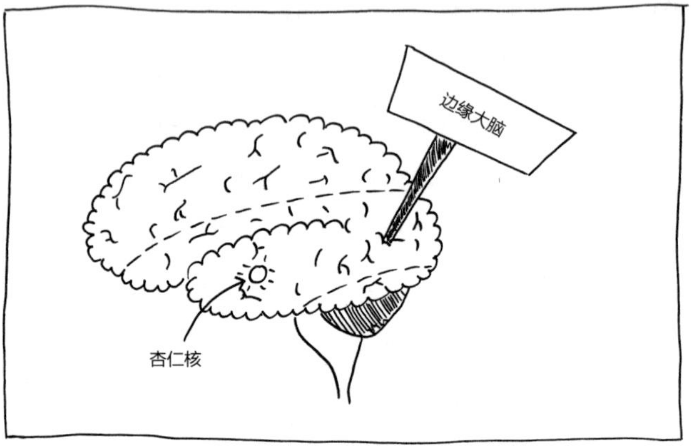

“理性”。古老的谚语说7岁是理性的年纪。的确，在这个时期，我们可以期待新大脑皮层更独立有效地工作。在此之前，它在发育，直到成年它都还在发展。新大脑皮质是理性思考和逻辑的大脑。因为有了它，我可以渐渐变得“有理智”。妈妈在我3岁的时候要求我有理性，因为我的妹妹出生了，她需要被抱着，那时我不能理解妈妈的话。她跟我解释说我是大孩子，我必须做榜样，但是这对我来说多难啊！第三个大脑发育，有赖于我在生命最初几年的学习体验。通常的情况是，我的父母或亲近的人要求我理解行为的一些后果，让我开始明白行为的影响。我就是这样学习的。只不过他们也要理解，在这个学习阶段，我不会因为他们已经向我解释过了，就能够马上执行。我们在家庭生活中很难忍受这种时间差。“我已经跟你解释过了……不管怎么说你可以努力理解吧！”爸爸向我喊道……但是不能，我不是故意的！我的大脑还没有完全成熟，无法做到这一点。

只有当我发展出所有的神经通路，让三个大脑连通运转之后，这幅图才算完整，而我的大脑启动时出现的“火星儿”常常会引起身边人的不解。

形成自我的三个支柱

现在我具备了一些初始的能力。不过还有三个重要的因素，这三个支柱让我能够成长为独一无二的自己。

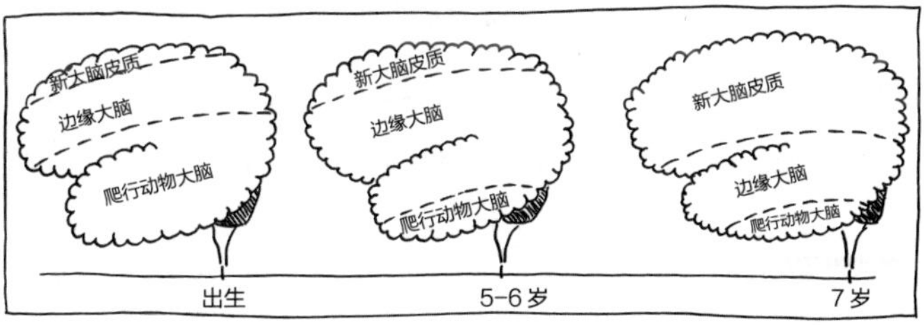

▶我的基因包

我出生的时候带着少许硬件材料：写进我基因里的东西，它们由我的父母传递给我，而这些也是他们自己从祖辈那里继承来的。这个基因包里有很多基因数据，我对它们一无所知，但它们却在暗中影响着我的人生！我的23对染色体除了决定某些身体方面的特征，比如头发或者眼睛的颜色，它们还携带着我的记忆。这些基因让我置身于一段跨越代际的历史之中，让我变得唯一而独特。

在这个基因包里，还有一项被人称为“脾气秉性”的东西。我们可以把它看成我们的性格特征，它让我们对环境做出反应。心理学研究者[1]发现，我们都有着不同的反应类型，我们由此被看作“容易相处的”或“难以相处的”。根据脾气秉性的差异，我们会对基准观念的变化以及令人不安的事件产生不同的感受，情绪反应的强烈程度也会不同。有的人更容易分心，而有的人更专注；有的人更悲观，而有的人更欢快；有的人反应慢，而有的人反应快。因为有这么多特点，我们变得独一无二，而且有时

---

1 S. Chess, “*Temperament: Theory and Clinical Practice*”, Harvard Mental Health Letter, 1997,14(5), 5-7.

很难被理解！

▶我的环境

不过我的基因包不足以决定我在长大的过程中会变成什么样。在很长时间里，人们认为，如果我携带某个基因，那么必定会表现出来。比如，如果我携带了孤独症的基因，那么我就一定会患这种病。有赖于最新的科学研究，如今我们知道，一切没有这么简单。其他因素也在起作用。它们可以是生物因素（荷尔蒙）、生态因素（污染），或者与我们的生活方式有关（压力）。这就意味着，如果我没有在出生的地方，而是在另一个环境里成长，那我就会成为另一个人。当然，我还将保留我所携带的基因特征，但是我的环境会塑造我经历事情时的反应方式。虽然这可能会令人非常不安，但是想到自己并没有被固定且确定的先天因素所束缚，这也是很大的优势。如果我们能够在周围打造出更有利于自己充分成长的条件，这将对我们的人生旅程产生积极影响。

▶我的经历

形成自我的第三个支柱是我的经历，是那些标记着每一天、标记着我的生活的事件。它们不需要特别紧张激烈或者非凡离奇，也同样可以将携带的所有信息传递给我。每段经历都是一份礼物，会在我的神经通路中留下宝贵的印记：早上，当我醒来时，父母投给我的目光；令我安心的日常小仪式；当我出现时热情迎接我的保姆；那些游戏（和妈妈玩“藏猫猫”、和爸爸玩滑梯、和猫咪玩抓痒……）。

还有一些更艰难的经历，在爸爸说我没用、说我永远也做不到的时候；当妈妈工作太忙，没有精力照顾我的时候……所有这些都是经历。我把它们保存下来，尤其是当它们频繁地重复出现时。

表观遗传学

基因、环境和经历这三个要素带来了一项最新发现——表观遗传学（épigénétique）。在很长一段时间里，人们认为基因携带的信息是恒定的，在任何情况下都不会改变。一旦基因被遗传到我们的机体里，就会显现出基因包的特征，不可逆转。但是这个领域最新的生物学研究为我们带来了新的论据，研究得出的结论对于理解人类及其成长发育至关重要。这些发现告诉我们，根据环境的不同，我们的基因表征会不一样，有时这种变化会持续好几代。比如，

体育俱乐部
儿童活动中心
文化
医疗中心
社群

一项超大规模的研究[1]证实，孕妇在怀孕期间吸烟会使胚胎的DNA表征发生变化，对孩子造成持久的有害影响。我们不能就此在两者间建立简单直接的因果联系（一个结果有一个必然的原因）。关键的影响因素要复杂得多，某个因素不该被夸大也不该让人感到愧疚。不过这些发现会让所有成年人通过

1 *American Journal of Human Genetics*.

了解这些信息承担起更多责任，为他们易受伤害且脆弱的孩子提供更好的环境。

自我如何形成？

我是一个拥有权利的人

当大人们明白我是一个完整的人时，他们开始给予我权利，让我可以得到像他们一样的待遇，至少受到尊重。他们也同样意识到我很脆弱，很容易受到过度伤害。

但是，在现实中，要如何确定——我的最大利益是什么，这由谁来决定？我的父母，还是法官，或是在我父母遇到困难时辅导他们的教育专家？是成年人。他们站在成人的立场上，依据他们的实际经历和对我人生的设想，决定我的权利和我的利益。虽然他们肯定会运用越来越先进的有关我成长发育的知识，但是这个过程中往往掺杂着他们自己的经历。而且有时，他们无法全面地了解那些能让他们更好地了解我的新知识。我“太小”或者“不够成熟”，没有人听我的，于是，有时我用行为表现来引起关注。

我也明白，既然我有权利，那么我也“应该”有义务。

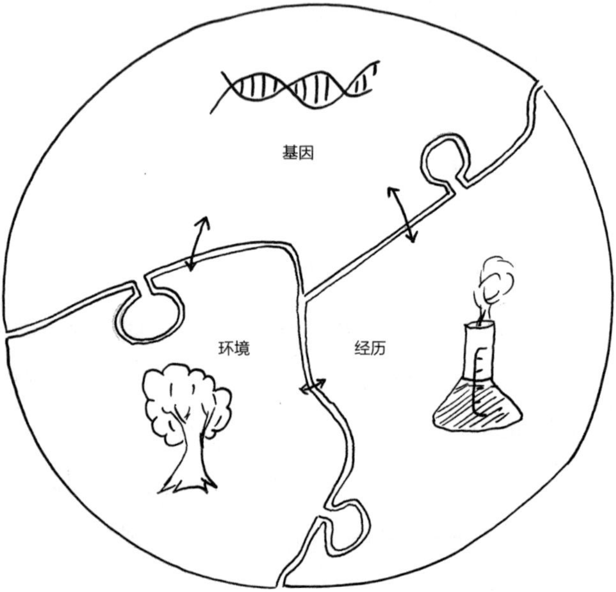

我有义务听父母或者照顾我的人的话，而他们则不能再对我施加身体或心理上的暴力，比如不能打屁股。我必须服从大人的指令，他们更恰切地知道“什么是对我好的”。大人们害怕给我更多权利，他们认为我会滥用权利，并且我会推翻大人们的权威。有时候，对他们而言，很难在权威和专制之间找到平衡。在指引我发现“我是谁”以及我的独特性时，他们害怕脱离传统的教育规则。有时，当他们敢于给我放权的时候，他们会受到周围人强烈的批评，那些人甚至没有领悟到传统教育方法的真谛！“看看你把这个孩子变成了什么样！这是个小‘皇帝’！你应该重新采用正确的老办法！”引入做父母的新方法，不断重塑这个世界上“最古老的职业”并不简单……

儿童的权利

确认儿童权利的工作从19世纪就开始了，1989年是关键的一年：全世界的领导人对建立一个更适合孩子成长的世界做出保证。他们拟定了儿童权利公约（《国际儿童权利公约》），该公约在联合国获得一致通过。历史上第一次有一份国际文书明确承认18岁以下的人是享有全部权利的。该契约认可儿童享有社会、经济、世俗、文化、政治权利——这些权利是根本的、强制性的和不可转让的。这个社会契约有四项基本原则：不歧视，儿童利益最大化，确保儿童的生命权、生存权和发展权完整，尊重儿童的意见。

我也有需求

▶我的基础需求

在我生命的最初几年里，我完全依赖环境，我的生命需求随着年龄的增长而变化。

但是通常，这些需求很难按照优先级进行排序。然后，我的父母常常对我的要求和需要产生疑问。他们问自己：他现在在表达什么？他需要什么？他哭是想告诉我什么？而我，我今天也需要休息。我的一天过得很累，我知道他累了，但我也一样，我们的身心都承受着负担。

儿童的需求

有很多理论提到人类普遍意义上的需求和儿童特殊的需求。当我们定义需求时，我们是指存在一种愿望，根据拉鲁斯词典，这种愿望是由于“感觉缺少某样有机生命必需的东西”而产生的。因此，个体的需求跟他的发育年龄有关，显示出他对外界环境的依赖程度。对于小孩来说，在生命的最初几年，他对环境全然的依赖决定了他最重要的生命需求。

1943年，美国心理学家亚伯拉罕·马斯洛（Abraham Maslow）提出了人类五大基本需求金字塔理论：生理需求、安全需求、爱与归属的需求、尊重需求和自我实现的需求。根据马斯洛的说法，每一种需求都依赖前一种需求的满足。

更晚一些，2003年，美国儿科医生托马斯·贝里·布雷泽尔顿（Thomas Berry Brazelton）定义了七种“无法绕开的需要”：

- 对温暖且稳定的关系的需要；
- 对人身保护、安全和规则的需要；
- 对适合不同个体的经历的需要；
- 对适合成长发展的经验的需要；
- 对限制、结构和期待的需要；
- 对拥有稳定社群及其支持和文化的需要；
- 对保护未来的需要。

对于布雷泽尔顿来说，这就是“任何儿童都有权享有的经历和照顾”。

▶我的情绪安全需要

当然，我需要食物、医疗照护以及身体的安全，但是有一种需要超过所有这些——我对情绪安全感的需要。实际上，如果我不能跟照顾我的人建立起稳定的情感联系，那么我就不能生存、发育，也不能长大。我需要父母或者负责照顾我的成年人始终关心我。他要与我接触，关注我的成长，在他的眼中，我的一切都是重要的：不仅是我的基本需求，还有责任感和他在我的幸福生活和教育中所发挥的作用。我对他的信赖必须是稳定且可以预期的。他必须给我一些明显的信号，告诉我他关心我并且他有时间和精力留给我。他必须教给我那些让我可以理解关系和我所有情绪的基准观念，我还太小没法去辨识它们。我需要他待在我身边，这会让我得到莫大的鼓舞。我还需要他设身处地为我着想，需要他能感觉到我发出的所有微弱的信号。

所有这些被称作“情绪安全感”，它让我能在一个令人安心的环境中成长。

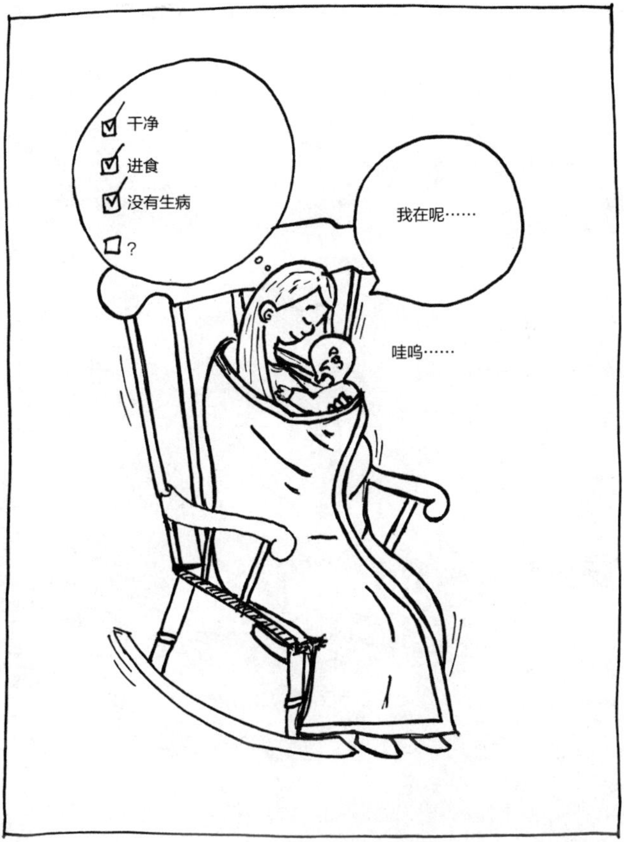
干净
进食
没有生病
？
我在呢……
哇呜……

第3章

我成为父母

要怎么回答这个问题:“有孩子是好事吗?”

我需要拿纸写下一些话来存放我的伤痛,

但是在提笔的过程中,我将这些不足之处写在了你身上,我的孩子。

我想告诉你我多么依恋你,而不是我依恋你到何时。

我想让你明白,我们之所以保持距离,是为了一些安全感。

因为我们融合只会产生冲突。

我害怕,即使这种情绪对于做决定来说是有益的。

我怕不能成为你的支柱。

于是我努力让你有能力做出正确的选择。

明天我将离开。

我终于明白我一直有这个选项:逃跑。

因为我刚刚在惊恐之中发现的遗赠让我渴望继续追寻。

不是追寻已逝的时间。

你和其他一切事情在该来的时候到来。

可在本该懂得的时候我不懂,

因而我说的这些话带有些许遗憾。

但是我想继续推进,让自我、让我们、让世界变得更好。

当我因为你必须控制自己的愤怒,

从零开始培养真正的耐心,这时谁是学生,谁是老师?

所以我始终在向生命学习,你所拥有的生命和我所迸发出的生命力。

只有当你处在我的位置时才会有答案,

经历最美妙也最不可思议的探险。

萨拉·卡约

成为父母，这就好像是一场绝妙的历险，没有任何课本会帮我们提前预习！成为父母，“就只是”一场邂逅——通过孩子的目光与自我内心的私密邂逅，我赋予孩子生命，而他赠予我自我发现的礼物。

想要孩子：成为父母的第一步

近来，想要孩子这个原本很遥远的想法开始在我心中激荡起来。描述起来很奇怪，因为它是如此明显，同时，又有点违反本心。问题一齐涌现，然后又消失不见。但是什么样的疑问能够阻止我内心深处涌起的这种冲动——想要一个孩子？我越思考，这种冲动就越难抑制，即使不时会生出些许恐惧，让我动弹不得。

对我来说，这次怀孕似乎是万事俱备了。我有伴侣，他和我一起生活，我感觉终于在职场上稳定了，这就是对的时候。也是在此时，我感觉我们在默契中携手并进，为这个全新的家庭搭建起安乐窝。一切都同时到来，虽然有时候我想得有点多，但是看着我们从夫妻俩变成有孩子的家庭，看着我们的爱通过要孩子的愿望而放大，这多么让人高兴！

对我的朋友埃莉斯来说，情况更复杂。所有那些理性的标准似乎都没有在她的生活中出现。但是，现在她怀孕了，她未来的宝宝要来了。她还是决定留下这个孩子，因为她认为自己受到召唤要进入这场伟大的冒险。我试着告诉她，在我看来这样做并不理智，但是这样的计划可能是理智的吗？通过自身的经历，我明白了，替别人思考生育意味着什么是很难的。

改变生活，在自己的身体里创造一个小人儿，让他出生，他将使我们强烈的爱持续下去，改变我们的人生，这真的是理智的吗？我真的很想要这个宝宝，与此同时，我时常感觉我的内心好像在进行一场战斗，一边是难以抑制的想要创造生命的渴望，另一边是将要面对的改变。这会改变我的习惯，我不再拥有随心所欲外出或运动的自由，小宝宝的出生必然会给我的睡眠带来各种限制，我们生活中的物品也要重新调整，等等。有时这些疑虑不再叫嚣，我感觉自己准备好了。

后来，在怀孕期间我得以跟助产士谈论这些，她跟我说感受到渴望同时带有些许迟疑很正常，我能切身体会这些疑问是很重要的。

在我内心深处，我感觉这项承诺会改变我的人生。并不是我不想要这个宝宝，我渴望拥有他。但是，因为这些深刻的问题，我认识到这场大冒险的重要性。

在这个如此敏感的时期，有时我感到无比恐惧，踌躇不定的感觉占了上风，我不确定是否要终止妊娠，哪怕我如此渴望要个孩子。我几乎要质疑我的生活中是否要有个宝宝。这时我自责地想到自己也许不希望有这个孩子。实际上，我知道这些想法和怀疑并不是针对我肚子里孕育的这个孩子，而是表明既然准备成为父母，我开始建立责任感了。后来，在产科专业人士的帮助下，我明白这并不是罪过，而是我与这个即将出生的孩子产生了一种基本的联结。他们告诉我从一开始就诚实地提出这些问题很重要。我现在是不是感觉自己已经做好准备全心投入迎接这个孩子——我的孩子？他会需要我，我有足够的时间和精力留给他吗？这是一个信号，表明我开始为成为父母做准备。我的宝宝不会抱怨地问我是否准备好迎接他。相反，他是一份美好的礼物。

我明白了，想要一个孩子的心情是复杂且矛盾的：既带有无法抑制的渴望，又害怕无法做到。但这是多么好的体验！我们将一同学习……

我怀孕了：我的情绪乱成一团！

终于，胎儿的情况稳定下来，我的脑袋里已经想了很多事情。我开始感受到变化，尤其是在情绪管理方面。有时这会让我的伴侣感到无力，他看到我的情绪如一团乱麻，却不明白我怎么了。

我们有能力——根据事件的难易——控制自己的情绪。我们努力不让情绪“外溢”，努力保持控制，不让自己受到激烈情绪的侵袭。这就好像有一个巨大的盖子，它控制和压抑情绪，这些情绪为我们提供了很多关于我们的信息，但也会给我们带来麻烦。

在怀孕的时候，这个盖子被打开了。人们称之为“心理透明”(transparence psychique)[1]。正是因为这样，作为母亲的我感到如此脆弱，如此容易激动，哪怕我用尽力气去掩饰。有时，我很难过，而下一分钟，我又感到十分快乐！我的盖子被打开了，哪怕我用尽全力，也无法重新盖上它。那么，就不需要跟它做斗争了吧？这是正常的！我甚至会在隆冬时节跟伴侣说要吃草莓，而他对我一触即发的脾

1 Monique Bydlowski, *Je rêve un enfant. L'expérience intérieure de la maternité*, Odile Jacob.

气感到惊诧！对他来说，看到我这种状态是很别扭的。他跟我谈论准备房间的事情，我就会担心等我们的宝宝出生了房间还没有弄好。看起来他并没有意识到这一点。然而，他也有所改变，只不过是通过间接的方式。虽然他看到我的身体发生了变化，但是感觉他仍置身于所有这些事情之外。尤其是，他一直没法让我平静下来。这么美好的一件事怎么会如此让人焦虑不安呢？

人们常说自然如此完美！那么，为什么这个盖子会被打开呢？为什么我会突然热泪盈眶或者被激烈的情绪搞得一团糟？就好像我的身体迫使我跟所有的情绪重新联结，而这些情绪通常是被我藏在内心中或者思想深处的。人们教了我们那么多掩饰情绪的方法。眼泪让人联想到脆弱，甚至是软弱。我们就要这样来迎接一个大脑尚未发育完全的婴儿，在生命最初的几年，他无法用语言表达情绪从而让人理解他。那么，或许这个打开的盖子正是让我们做好准备以便更好地理解他的契机呢？

父亲和母亲：两套错位的时间

对于父亲和母亲来说，他们接受新身份的速度并不一样。在母亲那里，身体的变化开启了这项进程，她比自己的伴侣更早产生情绪心态的转变。这种差距很快就会形成，双方的期待不同并且常常感到相互不理解。母亲深陷在情绪层面，她感受到强烈的责任感，要给未来的宝宝提供有质量的环境。她会问自己——压力对胎儿有什么影响？痛苦的事情会对孩子未来的性格产生什么影响？对于所有这些非自愿经历的事情，她肚子里的宝宝也会感到焦躁或者惶惶不安吗？从表面看来，父亲似乎更关心物质环境，他经常对自己的情感体验守口如瓶，这让他的伴侣非常失望，妻子感觉自己孤身一人被情绪淹没了。他甚至还觉得有必要保护这位妈妈不受情绪波动的影响，波动的情绪只会让她更加脆弱。不过在这个紧张的时期，能够相互陪伴、相互分享，对于两个人而言都会很有帮助。还有，社会规训更能善意地接受女性在情感上表现脆弱，却会认为脆弱的情感在男人身上是不合适的。因而爸爸会负责准备宝宝的房间以及宝宝出生所需的用品。他的伴侣则认为他意识不到她在经历什么，认为他没有很快进入父亲的角色。这个描述可能显得很夸张，但是它显示了这对未来的父母在时间和身体上的错位体验。对父亲来说，孩子出生并且真正和他见面的时候，才是现实的全新起点，在此之前，他都是间接地体验。

我的宝宝在成长

我怀孕了……虽然我的大脑、我的想法也在变化，但是医生主要照料的是我这个准妈妈的身体和未来的宝宝。怀孕期间有很多必要的检查。我们一步一步跟踪关注着宝宝的发育。他长大了，会动了，手舞足蹈，翻跟头，吮吸大拇指……我们有机会看到他，快速认识他。我们认真观察着他所有的发育情况，察看他的器官以排查任何反常情况。所有这些让我们感到放心，并且实际推进了医学发展的检查，也有益于胎儿的生存。我们可以对畸形提前进行治疗，或者我们可以诊断出一种严重的会使孩子无法存活的病状。怀孕的身体被置于显微镜下，看起来很让人放心。关心我的专业人员向我解释所有可能在我们身上发生的事情，他们提供的这些信息会对我孕期的心理产生影响。我的情绪已经被怀孕打乱，又受到怀疑的冲击。比如，有人告诉我胎儿可能肾脏畸形，而在后续紧急安排的超声检查中又没有发现异常。有人跟我说，这是让我恐惧的事而不是让我痛苦的事。我不确定。实际上，我所经历的心理转变的过程遭遇停滞，陷于瘫痪了，这让我对自己做父母的能力产生了错误的信念[1]。我的思考中掺入了一份怀疑。我会认为自己不称职，无法照顾好宝宝——这是带有欺骗性并且毫无医学根据的，因为我们的宝宝最终会很好。而且，从此以后我坚信他比其他人更脆弱。因为我们永远无法知道，或许他真有什么问题，只是医生没发现。我很害怕，而所有这些让我的“心理孕期”陷入瘫痪，它本该让我转变思想为成为父母做好准备。

我没有想到这会是一场巨变，无论是心理层面还是身体层面。我没有预想过做父母会是这样一场动荡，需要我付出如此多的精力。我必须关心正在发生变化的躯体，更要关注看似更脆弱也更敏感的内心。

9个月很长，但是我们需要这段时间来让自己做好准备。我们越关心这个即将壮大的家庭，当孩子和我们见面时，我们的准备就越充分，有足够的时间和精力照顾他。

---

1 S. Viaux-Savelon, « La surveillance échographique prénatale des grossesses à suspicion de malformation : étude du retentissement sur les représentations maternelles », *Neuropsychiatrie de l'enfant et de l'adolescent*, 2007.

我的大脑在经历这些事件时做了什么?

我的身体发生变化，我的肚子鼓起来，胎儿在长大。一切按部就班，其间时不时做些检查。前三个月，我们明确知道怀孕正在进行中。我们会迎来新成员，但是我们还没有开始给宝宝准备东西。接下来的三个月，我们开始想象宝宝的样子，我们开始梦到他、给他取昵称。距离生产还早，但我们渐渐意识到自己的生活将会发生改变。最后三个月，一切都加速了，这几个月似乎很漫长，之后，宝宝来了……整个生活都发生了改变。

我们的生活节奏被打乱了，我们的优先事项也受到影响。之前在我们看来非常重要的事情变得无关紧要了。宝宝随时需要我们。我们必须时刻守在他身边。这是多么重大的责任啊！与此同时，我们创造出的这个小人儿如此美好！我们不厌其烦地欣赏他的小手、他精致秀气的耳朵、他迷人的目光。

现在我们成了父母。整个怀孕期间，我调整自己的想法，重新安排优先事项。我明白，从此以后，在接下来的很多年里，我的宝宝依赖我，依赖我的陪伴和关心。按照一位优秀的亲子关系方面的心理学家的说法，我甚至是

“（我自己的）生存计划的受害者”[1]。如此严肃的表述恰好表明我们现在所承担的责任有多重大。

这场心理层面的革命也改变了我的大脑。实际上，我的神经回路和大脑的解剖结构都在我毫不知情的情况下发生了变化。支持大脑运转的激素和神经递质（催产素、催乳激素、抗利尿激素）让某些部分发生改变。作为未来的家长，我的大脑是以宝宝未来的需求为参照运作的[2]。人们称之为“生物行为同步”（synchronisation biocomportementale）。

我会为照顾宝宝做好准备，就好像我的大脑被“双线联通”一样。我能更敏锐而且更专注地感知他的需求。他这么脆弱，尤其是在生命最初的几年里，他还太不成熟，无法表达自己感受到的东西。

因此，我需要解读他的行为，以便回应他。当然，他也会教给我很多有关他的、我还不知道的东西。他是独一无二的，我们将一同前进。确实，我听到很多建议。我父母的建议——他们有做父母的经验，还有朋友或者医生的建议……有时我还是不知道怎么做。于是我决定建立一个“数据库”，在有疑问的时候可以查询。当我的行

1 Daniel Stern et Nadia Bruschweiler-Stern, *La Naissance d'une mère*, Odile Jacob.

2 Boris Cyrulnik, *Votre cerveau n'a pas fini de vous étonner*, J' ai lu.

为让他不满意或者不符合他的要求时，我开始在自己过去存储的信息中检索，尝试换一套方法。但是，我面对的是自己的孩子，我是他的家长。他和我，他和我们是一起的，我们将共同建构这种联系。我们建立起信任。在做父母的过程中我会犯的唯一错误就是不调整自己，认为自己一定是对的，任何人——哪怕是我的宝宝——都不能让我偏离自己的原则。做父母也同样要学习，关心另一个人，自我调整，发现并合作构建共同成长的关系。

其他父母说……

对于一些夫妻而言，成为父母这件事看起来很简单，甚至太简单了……对我们来说，一切都很复杂。我们如此期待的这个宝宝不愿加入我们，我们没能留住他。所有这些事始终萦绕在我们心头。别人会跟我们说："别想了，尽可能放松。"这不管用。我们会不停地想。这个孩子曾和我们一起待了很短的时间，他太快就决定离开了，太快了。"你们再生一个吧！"我们经常听到这句话，人们很草率地说出来，想要安慰我们……要让我们忘掉这个孩子。我们的孩子，没有人见过他，但他对我们而言很珍贵。想想看，我们在等待生命降临的时候，等到的却是死亡，这很不可思议。我们的大脑迷失了方向。我们经常感觉得不到亲人的理解，他们没有完全意识到我们差一点儿就要成为父母了，我们也没有得到社会的理解，这个孩子从未与社会见面。流产像是个秘密事件，而我们如此痛苦，有时会想对着整个世界大喊。

再次备孕的阶段又要重做所有的检查。成为父母并不容易。[1]我们在结果不确定的检查中内心七上八下，每一次抽血时悬着心，一边是尝试的希望，另一边是看到做父母的机会破灭时的崩溃。这些年间，我们时而坚定，时而泄气。我们的伴侣关系并不总能维持下去，哪怕是我们花费这么多精力孕育的孩子最终出生了。这场战斗并非无关紧要，即便有时“他人”——我们的家人或者帮助我们走过这段艰难旅程的医生——觉得如此云淡风轻。

这段通向生产的旅程真的不是一帆风顺的。它有时充满阻碍、考验和不确定性。

1　在法国，大约有10% 的夫妇会有不孕不育的问题（30% 跟男性相关，30% 跟女性相关，30% 跟两者相关，还有10% 无法解释原因）。根据法国生物医学署（l' agence de biomédecine）的最新报告，据统计，2015年在法国有145255次辅助生殖尝试，有24938个孩子是在辅助生殖技术的帮助下出生的。

孩子会改变我们的生活

我们曾经想过要叫他尼古拉，经过整个孕期，他的名字成了西蒙。他将延续我们的爱，二人世界成为三口之家。

我们“为他好”的想法

我们能给予他很多东西！首先，我们对他已然怀有的全部的爱。我们所有的价值观：分享、关心、尊重、真诚可靠、承诺……有那么多建议让他变得幸福，让他充分成长。他会取得成功——按照我们的标准，他会变得独立自主、平静从容，他将接过我们的火把，延续我们的家族。我们甚至已经想到他的娱乐消遣，幻想过他的职业生涯，一切都呈现在我们眼前。难道我们不是当今世界上最适合为他引路的人吗？

但是，这个孩子面临着怎样的挑战啊，他甚至还没出生呢！我们已经在他身上寄予了多少期望！我们将多少期待放在他瘦弱的肩膀上！虽然我们很清楚他将拥有自己的个性和想法，但是我们已经想到如何让他避免我们曾经犯过的错误。我们已经懂了这么多道理，如果我们引导他走上“正确的道路”，他就能赢得宝贵的时间！我们会把所有的运气都给他。我们如此坚信自己知道他怎样能找到幸福。那是我们向往并且花费很多力气去争取的。我们的孩子可以依靠我们。我们已经为他想了这么多！我们已经这么爱他了！

我们的教育模式

我们的父母在力所能及的条件下做到了最好。他们需要面对极为艰难的环境并且要鼓起很大的勇气才能提供所有这些我们得到的东西。但是我们希望得到更多关心、更多陪伴的时间和精力，还有更多情感方面的分享。但是他们不知道怎么做。没有人教过他们，他们也没有体验过。我们不一样。我们读了这么多书，探索了这么久。我们听了所有的建议，我们希望“不要跟我们的父母一样”。我们并不怨他们，也不指望改变他们的教育模式，我们只是想换一种做法。我们依托于家庭的基本价值观，并没有抛弃它，只是用我们的方式改造这些价值观，以便实现我们赋予孩子的所有梦想，成就他的人生。

我们先是写下我们的分娩计划，想象生产过程，几乎计划好了我们将如何跟这个由我们带到世上的孩子见面，这是一个如此重要的时刻！一次不容错过的会面。

我们也对自己的教育模式进行过很多次讨论，讨论我们想要怎么做父母。我们对此进行协商，因为我们的参考标准不同，价值观存在分歧。但是，当孩子出生之后，一切都会好起来。我们还没有时间好好地将我们的夫妻关系理顺——很快就怀孕了。我们的关系刚刚开始，对于父母职责的承诺让关系得以延续，这是一项可怕的挑战。从两个人变成三个人并不像说说那么简单。深入了解彼此是很重要的，要搞清楚我们能否信赖“另一个人”，我们爱他，但我们还在进行探索。

这时我们意识到彼此的基准观念是互补的，但并非总能相容。虽然想要孩子的渴望一开始可以把我们联系在一起，但是要当心别因为孩子的出生而分开。

我们还得确定如何照看他，在他还没有出生的时候，想一想白天该由哪些人来照顾他。什么是适合他的？他在哪里最好？

我们开始试着为他做到最好，全心投入在我们看来最适合他的选项之中。

我们让他融入生活

他来了。我幻想他有头发，但他没有。我想象他个头儿更大，可他个头儿很小。不过他真好看！因为他是我的孩子。

实际上，没有什么事情是按我想的那样进行的，我甚至进行了剖宫产，我没有想过这样迎接他的到来。但是他就这样来了，他很好，我也很好。他给我上了做父母这场冒险中最基本的一课：我对事情失去了控制。我曾想象过他的到来，而我已经见识了不一样的现实情况。然而，我以为自己想到了一切！他这么小，却搞乱了我所有的计划。他教我调整适应，让我发现可以换一种做法。我想象过给他喂奶，但是他太虚弱了，没法吃奶，而且我的奶水很少。我想象过他睡在我们准备的漂亮房间里，但是我觉得他太脆弱了，我想把他留在我们身边。我想象过很快带他出门，带着他去做很多事情，但是他还太小而我不想让他生病。我想象过产后三个月重新开始工作，而我意识到三个月已经过了。我还想象过无数件事，可我发现，一旦他出现，生活就真的不一样了！

我没有想过他会用那充满爱和力量的蓝色大眼睛入神地看着我……我没有想过所有这些心心相印的时刻，这些幸福的时刻，而幸福只因他的存在。我没有想过一个孩子的出生会怎样为我开启一种全新的生活。我没有想过这种关系在我生活中的力量。我没有想过它会在何种程度上改变我。

做父母的之前和之后是不一样的。其他父母也跟我们说过，但是这种感觉挺难形容的，就像想要孩子的渴望，它既强烈又有点不确定。好吧，是这样：它难以抗拒并且引发了一场巨大的内心转变。终于，我理解了为什么这区别难以形容！

他让我陷于混乱又让我成长

最初的几个星期过去了，最初的几个月也匆匆而过，我被淹没在许多问题当中。我应该这样做吗？我用的方法对他的自我发展是有利的吗？为什么理解他总是这么难？为什么他的哭声会让我这么难受？为什么我没法让他平静下来？他有什么事情是我没法看到或没法知道的？可这是我的孩子啊。有人说他是故意让我陷入麻烦的，我懂得怎样跟其他孩子相处——我的侄女、我朋友的孩子们，他们曾被托付给我，我照顾他们完全没有问题。为什么一看到我的孩子不停哭泣，我就感觉很危险？当我真的感觉很糟的时候，我有时觉得他很烦人，可我无法将这些感受说出来，我甚至会因为有这样的念头感到很羞愧。这是我的孩子，他不会让我陷入麻烦！我是来保护他、引导他、帮他引路的，可我感觉他在不停地“挑衅”我。

当他长大了，他甚至会很叛逆，让我没法给他我原本计划好的全部关心。所有的深情和温柔、所有的建议、所有默契和分享的时刻，我曾幻想着要和他一起体验。他好像不接受，他就是要给我添麻烦。我感觉很难过也很生气。为什么他的所作所为让我们没法体验我们无比渴望的美好时光呢？

我感觉自己面前有个“导师”，迫使我不停地质疑自己。最终，他彻底战胜我，让我和他一起成长。他有这么多要教给我的东西！通常，我不听他的，于是他来挑衅我！我们曾认为自己要培养教育他，其实他也在“培养教育”我们。有时我们会反抗。他还不能在我们的生活里立规矩！他不能在3岁的年纪就决定一切！不过，自从他出生以后，我已经意识到，他的出现要求我“放手”，就像书里说的那样。是的，我对那些过去以为可以掌控的事情失去了控制。但是，看样子这个“小导师”很清楚怎么走，他甚至知道怎么“攻击”我能让我超越限制……事实上，他让我突破了我的极限！

“爸爸，为什么你叫我别哭你自己却哭了？”

“妈妈，你跟我说你非常爱我，但你总是有很多事情要做，我感觉自己排在所有事情之后。”

孩子的质疑让我们深感困扰。或许这些问题是为了暴露我们的言行不一，让我们在疯狂的竞速中停下来——在这样的进程中我们常常无法看清重要的事情。孩子就像是我鞋子里的一粒沙，让我停下来，花时间跟他相处……因而我们真的有了这种独一无二的私密相处机会。

第4章

如何建立这种关系？

关系。

你看，我将用这股感情来刺绣装点。

你将用凝聚力的环扣为我们的生活结下联系，

这份凝聚力有时交织着不解。

关系。

你来，跟着这根线，这根线本身也源自其他的线，

只要心脏还在跳动，这根线就继续活跃，关系就只取决于此。

关系。

就像怪物一样，一旦充满操纵欺骗就会变得异化，

宽恕，被我们遗忘，我们执意进行谴责控诉。

关系。

始终处于完成状态的关系令人满意，但是心照不宣的理解让关系获得圆满。

不过当关系不复存在时才打动人心。

关系。

在这里我们可以重新联系在一起。

在关系之中，首先要想自己，才能不把自己看作幸存者。

关系。

难以言说的心愿在掌管希望的人手中成型，他们就像是织布工人。

如果我们所有人都在这份纺织的工作中变成爱的创造者会怎样？

我遇见我的孩子

我遇见我的父母

我们建立起关系

萨拉 · 卡约

理解这种关系

亲子关系是一种独一无二的体验。怎么形容它呢?永恒的、超越时间的、不朽的、不可磨灭的、私密且个人的，所有这些形容词说明了孩子与父母或者照顾他的人的关系很特别。尽管可能会有矛盾分歧，但是这种关系会长久持续下去并且无法被切断，因为它被铭刻进我们历史、基因和记忆的最深处。因为这种力量超越一切，构成我们本身。基于这种关系在我们幼年时期的不同呈现方式，我们的意识、我们对世界和他人关系的理解也会不同。这是我们做选择时遵循的重要线索，它指导着我们的决定，指引着我们的生活。

当孩子和父母相遇时

▶一起成长

相遇的时刻就像这种关系一样，是唯一且独特的。我们可能是一个或多个孩子的父母，每个孩子都是在我们人生的不同时刻到来的。每份经历都会让我们改变，让我们学到东西，然后我们有一副全新的眼镜，它让现实有了不一样的色彩。实际上，我们的生活中有很多让我们成长的事件，让我们更好地理解和发现我们深层的本性——有时，为了不伤人、为了满足亲友，或者让自己被人喜爱，我们将其深藏于心。

孩子和父母激烈的碰撞是人生“课程”中浓墨重彩的经历。我们见识过我们的“导师”小孩以怎样的判断力和洞察力向我们下达指令，让我们重新看待自己。我们很难向自我发问，很难问自己为什么我们决定不听自己的“心声”。于是，孩子们一个接一个地将我们逼进那些令人不适的并且有时令人痛苦的氛围，迫使我们走出“舒适圈”。这是孩子带给我们的礼物，但它可能会给我们带来许多挑战。

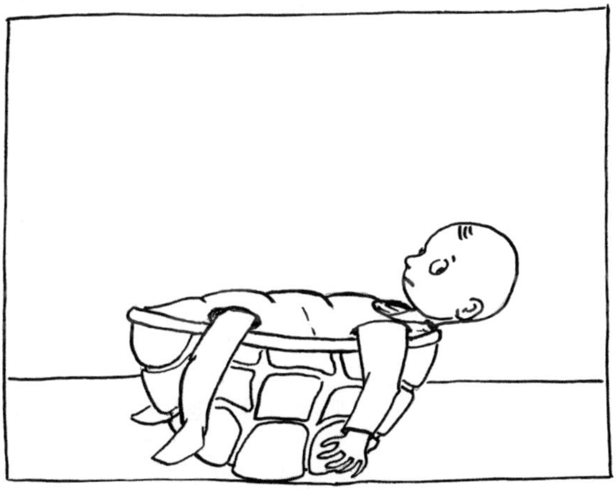

玛农的妈妈第一次来到我的办公室时崩溃大哭。“医生，我没想过照顾我的小女儿这么难。她不停地哭，我感觉自己永远不能让她平静下来。我受不了她的眼泪和哭喊，但我非常爱她。我感觉自己完全不够格，没有能力照顾她。我甚至觉得她跟别人在一起要比跟我在一起更好。”

对于玛农的妈妈来说，女儿的哭泣表明她自己没有能力胜任母职，她对自己缺乏信心，感觉自己无论如何都无法做到。玛农的出生和需求让这位妈妈重新感受到强烈的痛苦——过去她会把这些痛苦深深地埋起来。这让她回想起自己在职场中的些许经历。玛农就像一面镜子，照出她通常努力不去看的东西。然而，玛农很相信妈妈，并没有试图让她陷入麻烦，尽管这场考验很艰难，但玛农还是会给妈妈机会，帮助她明白她可以重拾自信，结局会很棒：她们两个人的关系得到充分发展。如果玛农的妈妈坚持认为女儿不乖或者认为自己不够格，那么她就没法抓住这次成长和改变的良机。

这天埃利奥特被爸爸带来看诊。他2岁。他的保姆离开后，他已经上了几个月的托儿所，预计9月份去上幼儿园。

埃利奥特很难适应，他对同学们表现出攻击性，不仅跟托儿所的工作人员对着干，而且在家里跟父母对着干。他开始不好好睡觉，晚上经常哭，每天夜里都要到父母的床上跟他们一起睡。我跟他的爸爸是第一次见面，他不理解儿子的态度，认为他在闹别扭。这家托儿所的保育员热情周到，在托儿所的这段经历会帮他为上幼儿园做好准备。总之，埃利奥特没有任何理由不适应！

埃利奥特这个小男孩很敏感，生活上的改变让他陷入了困境。突然切断和保姆的联系，来到一家托儿所——他在这里没有任何认识的人，这让他产生了强烈的不安全感并且因此而非常焦虑。他表达这些感觉的方式就是攻击和行为紊乱。他的爸爸对此无法理解，他很高兴自己找到了一个在他看来合适的办法解决上幼儿园的问题。所有的一切看起来“尽在掌控”，但是儿子扰乱了家庭安排以及父亲为他着想而安排的一切。由于夜晚难以入眠，事情变得更严重，爸爸的容忍度在一天天降低。从儿时起，埃利奥特的爸爸就习惯了不去倾听自己的心声，习惯于展现出勇敢的一面，超越恐惧勇往直前。他不理解为什么他的儿子不能像他一样！虽然他感觉到埃利奥特尤为敏感，但是为了避免太过痛苦，他已经给自己打造了一副盔甲，并且让自己能够在这个常常带有敌意的世界中前行，在这里他需要为成功而战斗，有时甚至为生存而战斗——尽管他还是时而感到焦虑，这份焦虑被他藏在内心深处。但是仔细观察就会发现，有时候，为了达到目的他要付出多大的精力！

这个小男孩的脆弱这么令人心疼，为什么他的爸爸却如此生气？因为他已经成功找到办法克服自己的恐惧。埃利奥特是来邀请父亲卸下盔甲的。这件盔甲确实在战时能起到保护作用，但是，战斗结束之后，它把人封闭在其中了。

一些作者在提到做父母的这个阶段时使用的形容词是“启蒙的”。孩子的出生让我们有机会重新向自己提出一些关键的问题。有时候，这些问题令人不知所措，促使我们向他人求助以解读孩子带着很多爱传递给我们的编码信息。一起成长，这是多好的机会，不容错过！

▶解码我们的差异

这场相遇的困难之处在于超越我们之间的差异，实现彼此连通。我们之间的差异如此之大：思维模式、时间观念、情绪，以及大脑的机能。但是，我们必须学会彼此理解，学会沟通，学会解码语言和行为。孩子太过脆弱，不能独立，无法完成这项解码工作。他真的没有能力做到。如果没有身边见多识广的“大人们”的帮助，孩子不能独自为自己的需求找到答案。这项解码的任务完全落在了照顾他的成年人身上。

我们之间有两个重要的区别，认识它们会帮助我们找到沟通的正确渠道。

第一个主要差异在于，我们体验的时间标尺是不一样的。我们的时钟没有调整到同一时刻。“马上”对于孩子和成年人的含义是不一样的。在生命的最初几年里，“明天”是不存在的。“快点，上学要迟到了。”“你要在爷爷奶奶家睡三晚。”有很多这样的例子，它们频繁出现在我们的日常会话中，可是，对孩子来说它们没意义。这些句子在他的参照系中找不到任何对应。时间在我们的生活中很重要。我们珍视时间，但它也对我们的生活造成了一种巨大的压力。我们的生活常常像是在和时间赛跑，因为感觉时间紧迫，所有浪费时间的事都被排除。孩子们却还能“幸免于难”，他们的抵抗似乎令我们感到很愤怒。然而，如果我们停一下，或许就能明白，孩子们有时是在邀请我们从与时间的赛跑中抽身出来，缓一口气。如果不

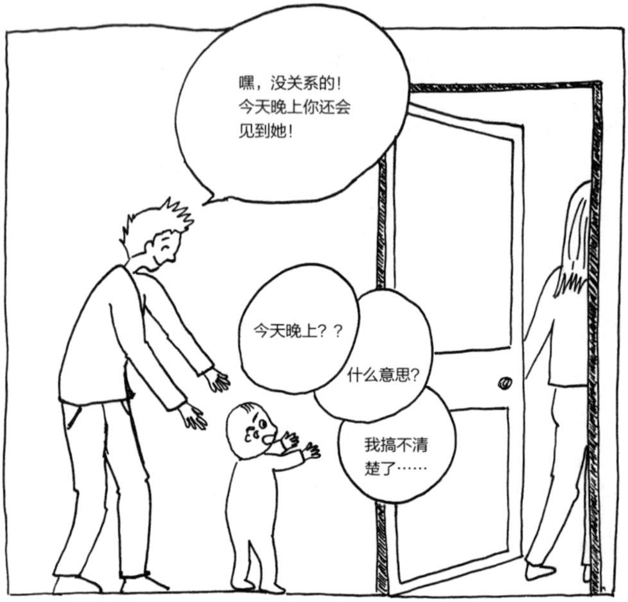

这样做，呼吸这项维持生命所必需的功能都会被制约。然后，在生活中，我们会在不自知的状态下感到喘不过气来。慢慢地，我们会被所有不得不做的事情搞到窒息，失去一呼一吸间平衡的生命律动。要把这种时间观念的差异融合到成年人对孩子的期待中并不总是那么容易。这项练习要求我们有条不紊地持续关注，以便引导孩子一步一步走进时间这个实体。因为时间也是一个参照系，将其纳入孩子们的理解框架中是很重要的。在这个框架之内我们可以一同前进，这个框架构成了参照系，有利于双方共同成长。但是，不要忘了，在生命最初几年里，孩子还没有这个框架，我们要学着不去期待孩子们给出他们无法给的东西。

第二个主要差异在于，我们的思考方式不同，我们需要将其融入与孩子的关系模式中。尽管孩子们有时表现得非常成熟，但他们并不是微缩版的成年人。有关他们大脑功能的描述可以证明这一点。在生命最初几年，他们不能讲道理，也不能处理否定和失望。他们的情绪占据了很大的分量，如果没有我们的帮助，他们无法调节情绪。我们有多少次替他们考虑，就像我们常常和别人换位思考，来构建我们的人际关系？我们总觉得——如果我这样做，他会那样想并且做出这样的反应！于是我们开始解释和投射，这样一来，我们经常迷失在低效且有时令人痛苦的解释模型中。如果我们身边有一个有精神障碍的人，他对现实的感知是扭曲的（精神错乱、抑郁状态、人格障碍），那么我们会发现和他交流是多么困难。跟我们的孩子打交道是一样的：他们和我们想的不一样，为了跟他们交流，我们必须适应他们的思考模式。为了让他们学习规则，我们可以给他们讲道理，解释我们的要求很重要，但是我们不能由此期待立刻有成果。“恩佐，我已经跟你解释过很多遍了，为了能赚钱让冰箱里装满吃的并且拥有一栋漂亮的房子，爸爸必须去上班！”在六七岁之前，恩佐不可能理解这些。“朱丽叶，要讲道理，今天晚上妈妈必须去开会。我们上周日已经去坐了旋转木马，你应该高兴才对，让妈妈走，别哭得像个婴儿一样。”朱丽叶在3岁的年纪没法理解这段话。妈妈要求得太多了。而且，自从弟弟出生后，她成了姐姐——最大的孩子，她必须做榜样，但是她还这么小，她的大脑还远没有成熟。

这种思考模式的差异是我们所有人际关系难题的关键因素之一，尤其是亲子关系。我们时常需要一个解码器指引我们走出这个关系迷宫。这本书的目的就在于此，我希望能一步一步地指导大人们对孩子的需要做出更精准的翻译，尤其是在安全感方面，不再把他们的行为看作反抗，明白那只是因为相互之间不理解。

为人父母的辅助工具——依恋理论

我们理解了孩子们并不只是毫无感觉的小东西，而是处在发育成熟过程中的真实个体。于是我们将这种全新的身份赋予他们。我们学会了跟他们说话，尊重他们并且关心他们所处环境的状态。一些新的观点方法，无论是积极正向的还是亲切和善的，在宣传中都融入了这些面向。儿童发展领域结合神经科学所进行的研究证实了所有弗朗索瓦丝·多尔多曾告诉过我们的事情，尤其是“婴儿也是一个人”。但是，结合所有这些数据建立起全新的参考标准并不那么容易。于是，人们力图在这些新标准和个别旧标准之间寻找一种恰到好处的平衡（因为“旧有的”并不都是错的！）。这种艰难的转化过程如今正在进行，它让我们看到实践这些原则的积极效果。

但是，并非所有孩子都对此有同样显著的回应，有些孩子似乎并不买账。心理学家的儿童咨询室和儿童精神科医生的诊室都人满为患，专家们无法回应所有的请求。父母越来越不理解孩子，却并不总能找到答案或者现成的“药方”。实际上，尽管父母做了所有的努力，但是他们的孩子仍有睡眠或饮食障碍，他们说孩子易怒且任性。同样地，逆反和挑衅问题也经常出现，扰乱了家庭和社会生活。然而，这些怀有诚意——有时堪称典范——的家长带着非凡的耐心努力实践着所有听到或读到的医嘱。他们有时会觉得迷茫，不知道该遵循这些新方法中的哪一条。所有这些方向、所有这些选择属于哪个框架？要怎样在这些教育指令中做选择？对教育的方向产生分歧的时候，父母之间要如何达成一致呢？是什么让一母同胞的两个孩子以截然不同的方式来表达情绪呢？如此多的问题需要一个很明确的框架作为支撑。

依恋理论如今似乎很“流行”。虽然它为很多著作或者讲座提供了素材，但是有时要解读它的深层含义是很难的。是不要依恋，还是相反，要建立依恋关系呢？它被如此多地使用，我们有必要重新讲讲这个术语背后作为基础的严密框架。实际上，依恋理论对应着一套明确的科学研究材料，而践行其作者约翰·鲍尔比（John Bowlby）所描述的原则是很重要的。以一种整体的视角应用这套理论为其他儿童发展理论所揭示的内容提供了补充。它是一套严谨而完整的支持载体，获得大量介绍，为今日的父母提供辅助支持。

依恋理论的历史和原理

“依恋”这个词会让我们想到一种爱或者倾慕的关系。拉鲁斯词典对它的定义是“与某个人、动物、某件事物强力连接的一种眷恋、共情或有强烈兴趣的感情，例如：他对自己的狗怀有依恋”。

依恋理论的出现让人对这个词有了另一种看法。事实上，这里我们用的是它的另一层含义。依恋关系就是一个需要安慰和安全感的弱者和一个能够带给他这种帮助的人之间的关系。这个定义经常被迁移到孩子和父母的关系中。脆弱的婴儿期待得到父母的保护。但是，我们在成人的年纪也需要有这种关系才能生活下去。因此我们会说，对依恋的需要是我们在面对危险的时候感受到的一种对救助和安慰的需要。

▶历史背景

依恋理论由英国儿童精神病学家约翰·鲍尔比[1]在20世纪70年代提出，这个理论源于他的观察以及他在个人生活和职业经历中的会面带给他的启发。但是它也有着特殊的背景。约翰生于1907年，父亲是国王的外科医生，母亲是音乐家，她从小是孤儿，不太具有母性。约翰是由保姆抚养教育的。3岁时，他失去了保姆。7岁时，他开始在

1 鲍尔比在他的著作《依恋与丧失》（*Attachment and Loss*，共三卷，出版于1969年至1982年间，法语版于1978年至1984年由法国大学出版社出版，法语标题为*Attachement et perte*）中提出。

寄宿学校上学。度过青春期后，他在军队里待了几个月，然后决定成为儿童精神科医生。很快，他根据自己的生活经验，理解了童年对于人类成长的作用。于是他开始观察那些照顾孩子的人所做的工作，他渴望更好地了解他们。战后，他看到分离对于孩子身心健康的有害影响。[1]在访问世界卫生组织时，他也提出了自己的看法。

他一心想要运用一套鼓励批判性系统思维的科学方法，于是着手探索其他领域的知识，来扩大自己的知识面。虽然他曾关注到精神分析领域的知识，但是他认为这些知识无法解释他有关儿童发展的所有观察。在他看来，婴儿和母亲的关系并不像20世纪初精神分析学家所描述的那样，仅仅建立于冲动之上，尤其是进食的冲动。实际上，在西格蒙德·弗洛伊德所描述的这种心理动力学视角中，依恋被看作次于提供食物的功能。约翰·鲍尔比对这个假说并不满意，他将研究拓展到动物行为学领域，这门学科研究动物在其自然环境中的行为。康拉德·劳伦兹(Konrad Lorenz)有关鹅的著作(1935–1957年)，还有哈利·哈洛(Harry

1 在1944年的一项关于“44个青年小偷：他们的个性和家庭生活”的研究中（*La Psychiatrie de l'enfant*, Presses universitaires de France, 2006），鲍尔比强调这些年轻的小偷童年经历过与父母的长期分离，这是他们与其他被观察的青少年相区别的主要特征。

Harlow）对恒河猴的研究（1958年），以及查尔斯·达尔文的进化论都为他的分析工作提供了养料。

约翰·鲍尔比在科学方面“兴趣广泛”，这种倾向让他免于受到一切狭隘和刻板视角的影响。他曾希望建立一套注重实效的假说，基于行为、动作和情感，区别于那些建立在想法上更偏观念学的概念。他要建立“一套服务于病人的理论，而不是相反——把病人塞进理论当中”，他曾说道。

▶有关背景环境的理论

有了这些知识，他逐渐搭建起一套理论框架，不仅结合了个人的经历、他的生理“配置”，还有他的环境。基于婴儿发展心理学、现代进化理论和如今神经科学研究带来的知识，依恋理论描述了个体成长的基础系统。

个体为了生存下去并且让物种继续进化，他必须“配备”一套系统，让自己有办法在得知危险之后调节恐惧和压力。

依恋系统是一套从我们出生起就从生理上刻在我们身上的程序。它就像一个参照系，引导着我们成长发展，让我们能够适应环境。这套自带的工具给了我们钥匙，让我们能适应压力并且面对生活中的各种情境。我们可以把这套依恋系统比作在遇险时启动的报警器。因为能感知一切危险，避免暴露在可能导致我们死亡的事物前至关重要，我们本身有能力发现威胁，找到应对办法，以便找回更稳定的情绪平衡。

这是有关背景环境的理论：为了让我们的依恋系统被激活并启动，我们必须处在“困境之中并且需要另一个人的帮助，对方更智慧、更强大，且被认为理应提供这种帮助”（约翰·鲍尔比）。

人类婴儿完全依赖照顾他的人。如果这个负责他生活甚至是负责他生存的人不在身边，他可能会死掉。我们明白，在一个孩子生命的最初几年里，依恋系统将发挥格外重要的作用。实际上，从出生后的最初几分钟起，有大量看起来对孩子存在威胁的事物会激活这一适应过程。声响、寒冷、光亮、饥饿，有这么多刺激会让孩子感到害怕，他在母亲子宫里的时候还被保护得很好。然后是分离，出现新的面孔、不同的参照系……随着生活的进行，危险接连而来，他需要不停地调整适应。孩子不断地需要帮助，以便在充满安全感的状态下顺利地成长。

▶解释关系的理论

孩子将以这种方式体会到父母——更普遍来讲，那些可以被我们称为其“依恋对象”(figure d' attachement)的人——如何照顾他。这个依恋对象无需与他有血缘关系，但必须心存关心。有了这份关心，一个人在意识到孩子有安全需求时，就会在日常生活中去满足他。这个人可以是养父母、寄养家庭中的抚养人。我们需要明确指出，依恋理论并不能让人理解一个人整体的运转机制，而是让人理解个体如何感知以及如何构建与他人的关系。这就是人们所说的“人际维度”。依恋系统给了他参与人际关系的说明书。

这份蓝图在一个人的人生轨道中是决定性的基础。实际上，他在童年所经历并理解的事情将变成一份说明书，他将据此做出人生选择：对朋友或爱人的选择、个人决定、职业方向……这些行为将会带有最初几年记忆的痕迹。它具有决定性但并非决定论！这个程序在人生的进程中可以被改写。激烈的情感事件，比如青春期、建立恋爱关系或者孩子出生，都有助于这个程序的发展演进。亲友离世、失去工作或者与恋人分手，这些时刻都让我们有机会反思这些从儿时起刻在我们身上的印记。

所以，框架确定了：依恋理论为我们解释关系是如何建立起来的，我们会如何在关系中自我定位，我们会对他人有什么期待，我们如何看待自己……它也明确揭示了我们对他人和自己所怀有的信心、我们对邂逅新人或者离群索居的意愿、我们探索世界的冲劲……所有这些对于我们个人的自我实现具有决定性的意义。它们会成为保护我们或削弱我们的因素。

当我们明白自己与孩子的相处方式将对他们人生经历的各个方面产生影响时，我们便明白自己承担了多么重大的责任！但是，知道这一点又给我们带来了多么大的力量和财富，让我们能“换一种做法”，并且不再对自己说“要是有人跟我说过……就好了！”

▶依恋理论在法国的新发展

依恋理论的应用在不同国家情况不一样。在它刚出现的时候，英语世界国家的精神分析界对此并不接受，而如今，精神分析领域的从业者却很好地将其融入实践中。

依恋理论在法国长期没有受到重视，因为它引起了很多怀疑和争议。安托万·盖德尼和妮科尔·盖德尼 (Antoine et Nicole Guedeney) 的著作[1]提供了全新的视角。他们的研究阐明，对法国而言，掌握这些宝贵的理论对理解儿童发展极

1 Nicole et Antoine Guedeney, *L'attachement : approche théorique*, Masson, 2010.

为重要。

在魁北克，人们已经将依恋理论纳入儿童健康及政策制定的系统之中。他们的示范和经验，以及他们近15年来对此所做的评估拓宽了我们的视野。依恋理论呼吁人们在看待问题时结合众多学者在儿童发展方面提供的互补的要素，因此它成为临床医生获取信息和具体实施方法的丰沛源泉。此外，近来法国在儿童保护方面的倡议[1]也能说明问题。倡议主张对全体幼儿相关从业者进行这套理论的培训。当然，我们需要维护法国文化的瑰宝，但是我们可以考虑在不危及自身思想的前提下进行融合。不断拓展知识领域，我们的思想才有机会发展。

依恋理论的应用范围

如今，依恋理论不断延伸，理解依恋理论可以帮助我们解读很多行为。事实上，有不少人将对依恋理论的理解简化成对早期互动的构建。但是，现如今，它提供给我们的知识对其他人际关系领域也具有指导意义：伴侣关系

1 Rapport de Marie-Paule Martin-Blachais, « Démarche de consensus sur les besoins fondamentaux de l' enfant en protection de l' enfance », Ministère des familles, de l' enfance et des droits des femmes, 2017.

障碍、个体精神障碍……它也解释了处于生命最后阶段的老年人如何激活依恋系统，吸引甚至极力求取身边人的注意。

依恋理论在社会心理学领域的应用让我们重新审视我们的管理政策，以便建立起更能带来安全感的关系，这是个人充分发展和生产力的源泉。这套有价值的理论的应用范围从儿童时期一直到临死之前，甚至涉及对老年人的陪伴，它形成了一套合理且实用的阐释框架。

“航空母舰”和它的“小飞机”

为了能更好地理解依恋理论，请你用形象化的方式来想象它。我们可能确实很难用视觉化的方式来表现这些心理认知的关键所在，它们的边界有时太过模糊。但我们往往可以通过使用某种形象和比喻顺利地将它们描述出来，以便更好地理解掌握。重要的是感受这种对安全感的需要在我们内心会引发什么。我们内心的小孩已经体会到了这些感觉并且保留了它们的痕迹。与之重新建立连接是有好处的，无论是对我们的孩子还是对我们自己。进入父母的角色，这是多么好的启蒙时期啊！

让我们想象一艘航空母舰。它代表我们前面所说的“依恋对象”，也就是照顾者。他照顾着更脆弱且需要帮助的人，他可以是亲生父母、寄养家庭抚养人、养父母以及如今陪伴孩子的所有专业人士，从保姆到老师，还有教育工作者、治疗师，甚至法官。他们将扮演航空母舰的角色，飞机可以在航母上停泊、休息、获得燃料补给。它就像一个安全基地，在遇到危险的时候飞机可以来这里避险。一旦“小飞机”感觉有需要，“航母”可以任由它降落在甲板上，在此获得庇护，然后去探索一望无际的环境。有“航母”可以依靠，“飞机”获得了一种宝贵的安全感，毕竟他们从生命之初就面临许多危险！

露西2岁，刚刚确诊出了水痘。她在两周前接触过表兄弟，这天早上，她起了小水泡，哭了起来。她发烧了，精神不好的感觉对她来说是一种威胁。她需要停靠在她的“航母”上——就像每次生病时一样——找到让她安心的亲切感，获得让她更快恢复的力量。

我是一架“小飞机”

我还是一架很小的“飞机”，有那么多危险在威胁着我！当我生病或者感到痛苦的时候，当我看不见我的“航母”，或者离开“航母”太久的时候。我的大脑没有发育成熟，还不能理解当我看不见一样事物或一个人的时候，他们依然存在，不久后我会重新见到他们。于是，当我最喜欢的“航母”要把我托付给另一艘“航母”，而我还不明白自己能够停靠在这个新的“甲板”上时，我感到恐慌。

因为我还不会说话，我没法表达这种感觉，只能大哭，但这很正常！我需要一些时间来理解妈妈和爸爸，相信我的保姆，她也会成为我可以依靠的新“航母”。但是如果我来到托儿所，一下子看到太多新面孔，这就太可怕

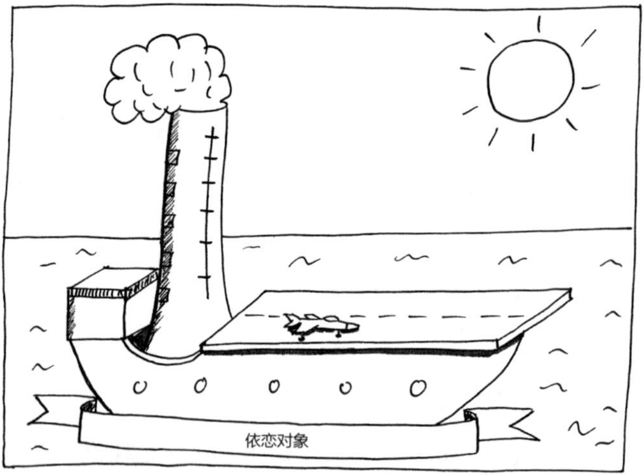

了！如果害怕，我可以找谁呢？我需要知道有个人关心我的感受。这样一来，渐渐地，他会成为一艘“航母”——虽然不如我的妈妈或爸爸那么重要，但他仍然是能让我充满安全感的重要人物。

当我来到幼儿园，我再度面对一支“航母舰队”！在课间活动时，看起来他们都忙着交流讨论，我不知道如果我害怕或者小伙伴伤到我时，有谁会注意到。于是，我开始变得躁动不安，我四处乱跑，有时甚至会打人或者咬人。我很怕再次变成孤身一人，于是我发起进攻来确保自己会不陷入窘境。即使这并不管用——因为我的伙伴们看上去并不理解我，但是我控制不住自己。最先走过来的人会让我有机会“放下”我的害怕。

朱莉是一个体型娇小的金发女孩，不太起眼，她是操场上的危险人物。她的老师和幼儿园园长不知道该拿她怎么办。她每天都打人，并且她开始咬人。其他家长对此进行了投诉，她威胁到了班级的秩序。尽管她的外表很温和，但是她的暴力行为很过火。为了能管住她，每周有好几天她被托付给其他老师——因为她在班级里越来越成问题。她的学习倒没有引起特别的担忧，即使她学得马马虎虎。

令人担心的是她的举动。她的暴力冲动影响到其他孩子，这让幼儿园园长开始不断反思。在15年的职业生涯中，她从来没有见过如此好斗的孩子。

在进入幼儿园之前，朱莉和另外两个孩子一起由保姆照顾。她拥有强烈的好奇心，除了睡眠有时不太稳定，夜里会醒几次，她成长得很好。3岁的时候——那时她还没上幼儿园，她的妈妈怀孕了，另一架“飞机”出现在家里。就在这个时候，她开始上幼儿园了。她需要去探索另一个世界，那里充满了新面孔、新规则，以及很多需要去理解的事情。老师要求她做一些事情，让她完成小游戏、学习唱歌。对于充满好奇心的她来说，这让她很兴奋。与此同时又出现了很多变化：她的妈妈忙着照顾另一架“小飞机”——她的弟弟，而幼儿园里又全是新面孔……她在找她的“航母”。但是选择太多了，一周时间里，所有老师轮流把她接到自己的班级里。她的指南针失去了方向，她不知所措了。她想要自卫，于是攻击了她的小伙伴马蒂斯。为了自我保护，马蒂斯躲到教室后面，或者一个人待在操场上。

如果停留在关注行为的层面，我们是很难理解他们的！朱莉可能会被同学们看作恶人，或者被老师看作反抗者。马蒂斯则是一个腼腆的，且不太令大人担忧的孩子。然而，他们两个人的内心都藏着很多恐惧，他们还不知道如何识别恐惧，更不用说进行表达了。如果朱莉能够去寻求帮助，比如向能够安慰她的地方幼儿园专业特派员（ATSEM）[1]伊莎贝拉求助，那么对她来说情况会好很多。当然，伊莎贝拉不能把所有人都带在身边，但是朱莉可能比其他孩子更焦虑不安，尤其是在她理解这个新世界运转机制的时候，她要知道这艘“航母”的存在。而马蒂斯则不那么需要关注。不过，我们也要关心他的感受以便更好地安抚他……即使他没有提出要求。

我在漫长的白天进行探索，然后就到了该睡觉的时间。对于我这架“小飞机”来说，这又是一场可恶的冒险！首先，我需要探索一个神秘的世界——黑夜。夜里可能充斥着离奇的相遇——当我做噩梦时，或者只是做梦时。而且，在黑暗中我什么也看不见。如果我害怕了，我的“航母”会醒过来安慰我吗？所以，在我进入梦乡之前，我要汲取大量的安全感。我被父母抱在怀中，以满足

1 地方幼儿园专业特派员（agent territorial spécialisé des écoles maternelles）是法国的地方公务员，负责在幼儿园或小学低年级的班级里协助教师工作。——译者注

我对于肢体接触的强烈需求。夜里，我经常会验证我的“航母”是否回应我的呼叫。对他们而言这很累人，但是这样做令我安心！当我需要越来越长的时间（5分钟，10分钟，然后15分钟……）才能等到“航母”回应，我就觉得我没法依靠他们了，这让我非常焦虑。有时我会习惯，但是我很快就会认为，如果遇到危险，我没法依靠任何人。

伊丽埃特18个月大。她的父母来到我的办公室时显得疲惫不堪。自从他们的小女儿出生后，他们就没有睡过完整的觉。哄她入睡的过程特别长，每天晚上需要一位家长陪她大约一个半小时。地板的一丁点儿响声都会吵醒伊丽埃特，可是她似乎才刚睡着。有人说她像是装了一个雷达，显得过度警觉。她甚至每天很早的时候能听到爸爸出门去上班并且马上去床上找妈妈睡。真是个不放过一点儿声音的监控塔台！这对夫妇没法再过一个安稳的晚上，渐渐地，伊丽埃特的睡眠问题和夜晚的哭声成了全家人生活的全部。家庭生活中充满了争吵，快乐时光不复存在。

伊丽埃特习惯了在“航母”的“甲板”上入睡，她无法安心地独自睡觉。如果“航母”离远一点，她内心就警铃大作，告诉她已身陷危险，必须去“航母”上休息！她的哭声必定能把“航母”叫过来。重要的是让伊丽埃特逐渐改掉要跟依恋对象有身体接触才能入睡的习惯。“航母”要让孩子充满安全感，敢于去探索睡眠，“航母”必须留在她身边（比如在床旁边的一把扶手椅上），让“小飞机”明白：她有办法让自己平静下来，她的“航母”就在附近并且在她入睡的几分钟之前可以来安抚她。毛绒玩具或者奶嘴也可以用来帮助过渡。它们可以让人安心，因为吮吸或者用脸颊蹭毛绒玩具是非常具有抚慰作用的自体刺激行为。

航母：支持探索的基地

分离、睡觉、失去毛绒玩具、生病、其他“小飞机”出现……有这么多危险会激活依恋系统。因而对孩子来说，绝对优先的事情是找到一种内心安全的状态。没有这种稳定感，他就不可能重新起飞去探索新的体验。

我们已经看到了，所有人都拥有一套依恋系统，让我们能够感知威胁，并且通过各种办法来保证自己的安全。但是也有其他系统支持我们发育、成长以及面对生活的经历，这些被称为“动机系统”。它们支持我们有策略地使用天生所拥有的一切能力，并且让我们在人生历程中开发出来的所有潜能发挥价值。因此，还有一个系统与依恋系统是关联的——探索系统。它们是成对出现的，不过两套系统的作用条件是相反的。如果依恋系统启动，我处在危险之中，那么探索系统会停止运转。

朱莉开始上幼儿园时，她处在戒备状态，因为对她来说新出现的家庭状况让她感到焦虑不安。她很难在萝拉老师组织的学习小组中进行探索。

朱莉的妈妈刚刚换了工作，和公司里的同事还不怎么熟悉。她的岗位职责也不太明确，但她的部门领导已经交给她很多在她到岗之前就积压起来的行政工作。她会感觉自己不能胜任，需要花几天的时间平静下来。随后，她才会有更清晰的思路来探索新团队的运转模式和部门领导的期待。

至于朱莉的弟弟蒂奥，他被送去了托儿所，但是这段时间人员频繁轮换，这让蒂奥很难感到安心。同时，他需要更多的时间学走路。

探索语言、行走、学习、新情况，还有探索我们的情绪、内心的感受、我们的欲望，甚至梦境……如果内心感到安全，我们有这么多东西可以去探索。这条原则可以成为理解很多人生经历的基础，比如在学校感到很困难、对发现新事物不感兴趣或者不能轻易适应新环境。如果内心没有安全感，我们勇敢学习、发现、创新和探索的能力就会受到限制。它是面对生活挑战时一个基础性的关键因素：内心感到越安全，我们就越有能力去应对挑战。

如何辨认我的“航母”？

从我出生时起，我的父母就一刻不停地看着我。我靠着妈妈，我如此需要这种肌肤之亲以获取我的第一份安全感，去面对这个跟我此前所认识的世界截然不同的新世界。我的依恋系统启动了。这个时刻很宝贵。我希望妈妈跟我一样享受它。我们需要相遇、认识彼此，在此之前新面孔不能太快出现。我知道我的父母等不及想展示我，想拍照片给所有朋友看，有时把我放到摇篮里，因为他们有事要做。但是对我来说，有他们待在我身边很重要！如果在最初几个月里有人多抱抱我，那我就不会变得任性无常，而是会很乖！我越是感觉“航母”在我身边可以随时陪我，我就越能感到安全，之后我就会越独立自主，越具有探险精神。

3个月大之前，我还没法把人区分开。我刚开始意识到我身边有一些人，而这让我非常感兴趣。我的哭声，以及后来我在大约12周左右第一次有意识的笑，似乎都能吸引他们。但是我还不理解有“航母”的存在。然而这个时候妈妈要去工作了，她把我托付给其他“航母”。这么快！对于我和我的依恋系统来说这太快了！

大约3个月到9个月时，我会辨别照顾我的人了。我开始明白有些人比其他人更关心我。几个月过去了，我会根据害怕程度和我所在的场所，确定有几艘“航母”存在。那些在夜晚照看我，在情感和情绪上很亲近的航母排在前列，还有一些在我的主要“航母”不在时暂时安抚我的“航母”。对于我这个“小飞机”来说，知道身边有人可以发现我的恐惧并且做出回应是多么重要啊！这并不是爱的问题，而是安全的问题。妈妈有时害怕我太过依恋保姆。妈妈上班的时候，我在保姆那里度过了很长时间。妈妈经常会为把我留下这么长时间而感到愧疚。她不需要害怕，因为她才是我的妈妈。重要的是，我可以安心地成长，包括在保姆那里的时候。如果她给我安全感，那么我会过得很好，但我不会因此就喜欢她超过喜欢我的妈妈。我会跟她——这个照顾我并且安慰我的人——建立起依恋关系。但是晚上，重新见到我的父母，我是多么幸福，即使有时我还在保姆那里继续玩我最喜欢的玩具……在我9个月大时，我开始能甄别出那些不是“航母”的陌生人。我不会去寻求他们的保护，因为我学会了在我不了解对方的时候不把自己置于险境。

到了大约3岁的时候，一旦我明白了有“航母”存在，我就会去发展我的运动能力和心理能力。现在我能够控制跟依恋对象的距离。如果我很安心，我会离开他去探索，如果遇到危险，我很快会回来停靠。这种往返在我学习理解人际关系的过程中是至关重要的。也是在这期间，我渐渐明白：“航母”是“我的同伴”，也是游戏玩伴！我理解了我的情感和态度会影响依恋对象的行为。

根据“航母”的回应，我建立起一套互动的框架标准并投入实践。这是多么重大的责任！正是基于这个原因，特别是在我生命的最初几年，大人们理解我对安全感的需要尤为重要，这能让我在最好的图纸上绘制我的未来。我正在经历成长发育中关键性的时期！

我有好几艘“航母”

好在，我可以依靠好几艘“航母”，随着时间的推移，“航母”会发生变化。我的父母（如果我留在他们身边的话）是我的主要或初级依恋对象。其他可以满足我依恋需求并且能安抚我的人会成为我的次级依恋对象。因而我会建立起一个等级分类，它无关我对每个人的爱，而是关系到他们在我遇到这样或那样的危险时能否让我安心。能够在我去的每个场所找到一个发挥这种作用的人是很重要的。仅仅是知道这件事就已经让我非常安心了。

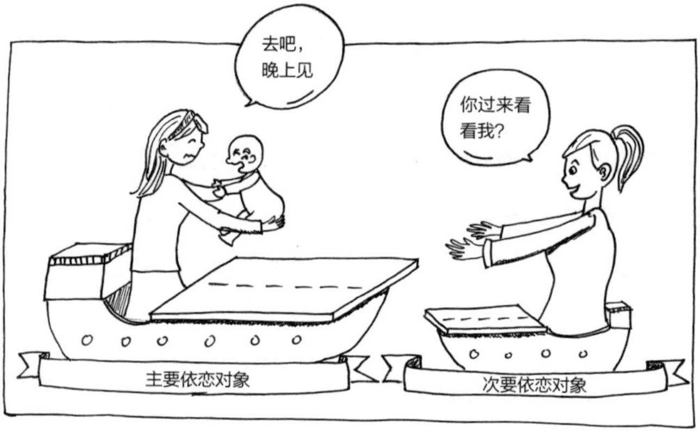

蒂博的父母刚刚在日托中心做了登记，之前，每周三是爷爷和奶奶照看他。但是爷爷生病了，这让蒂博很担心。他跟爷爷很亲近，看见爷爷就会让他很安心。最开始几次去日托中心的时候，蒂博表现出极强的攻击性。他打了其他孩子，并且控制不住地发脾气。辅导员老师没法让他安静下来，也不知道能让他做点什么。他什么也不肯做。他严重扰乱了集体秩序。有时候是达米安去接他，但是当前者忙的时候，就会由科拉莉或者贝内迪克特代替。蒂博永远不知道自己到的时候谁会在。而且，日托中心很大，有一片漂亮的森林和一个操场，虽然这在父母看来好极了，但却让蒂博非常恐慌。后来他的父母明白了这个地方让他感到不安，他们请一位辅导员老师在一段时间里做他的协调员。蒂博将跟他一同开启一天的生活，如果蒂博对集体活动不感兴趣，那么他就陪着蒂博，读一本书或者做一项单人活动。渐渐地，蒂博安心下来，能够去探索日托中心提供的各种活动。

有时候，生活中会发生一些不幸，扮演主要“航母”角色的人无法再为我保驾护航。他们自己陷入了险境，没法再照顾我或给我加油鼓劲。他们的依恋系统也被激活了。如果他们自己都没有“航母”，那还怎么做“航母”呢？这时我可以从其他人那里获得支持——寄养家庭的抚养人、托儿所的保育员、我所在儿童之家的教育者、养父母或者我的一位亲属。他们照顾我，并与我建立起持久而独特的关系。在情感上，这些关系对我的成长非常重要。不过，所有这些要尽早实现，因为前三年至关重要，一旦关系建立起来，要修正它就更难了。

基利安出生有15个月了。对他的妈妈而言，他的到来是个意外，她因伴侣酗酒和暴力的问题饱受折磨。很快，帮助基利安父母的专业人士就意识到孩子的安全受到威胁。毋庸置疑，这位妈妈是爱儿子的，但是当她感觉自己受到威胁时，她没法保护并安抚孩子。在基利安4个月大的时候，受理这一案件的法官决定对他进行安置。他先是被接到了哺乳托儿所，3个月之后，一个中转寄养家庭又来照顾这个婴儿——他的成长发育已经有点落后了。他在那里待了大约8个月，随后被托付给第二个家庭，基利安就在这个家庭中长大。有多少潜在的“航母”啊！但是没有一个能持续足够长的时间，养育者的态度也不够令人振奋，这让基利安无法理解与依恋对象之间关系的实质。他的情况一开始就很复杂，这使得他接下来始终不信任照顾他的人。他们在这个孩子身上看到对抗甚至是暴力的行为。寄养接待者的角色显得尤为复杂，尤其是他们没有接受过理解这些行为深层含义的相关训练。他们精疲力竭，不得不把他交给另一个家庭——这只“舰队”中的另一艘“航母”。

还有一些依恋对象，我虽然并不经常见到他们，但他们确实是我人生路上的坐标——这条人生路有时稍显混乱，我会迷失方向。他们中有我的心理医生，她总是笑着迎接我，我可以向她倾诉一切而不会被责骂；有哪怕看我没有做成什么事也依然对我表示鼓励的女老师；有每天同一时间进站并且给我保留一个座位的公交车司机；甚至还有那位法官，他保护我离开不能给我安全感的父母。所有这些人都在以另一种方式教我理解关系，有一天我会想起他们。

我现在能找到在我陷入险境时有能力帮我振作起来的人。他们在我的生活中非常重要。他们将对我的全面发展起到关键作用，并且为我构建人生提供潜在力量。

我成为“航母”

艾尔莎现在8个月大，对她的妈妈埃洛蒂来说现实情况比预想的要困难得多。“航母”的职责很复杂，甚至有时让人觉得痛苦。然而，在怀孕之前一切都很好。埃洛蒂是位充满活力且平和稳重的年轻女性，她和塞巴斯蒂安是一对关系稳固的夫妇。她在商业领域工作，并且通过运动实现了很好的生活平衡。艾尔莎出生后，这种平衡被打破了。

埃洛蒂感觉自己很无力，因为她一向习惯独自应对，她不知道怎样做才能摆脱这种状态，对她来说这就像一个陷阱。她不可能再退回过去。艾尔莎就在那里！她有时是美妙绝伦的礼物，有时又是名副其实的梦魇，很难在两者之间构筑起现实。虽然塞巴斯蒂安做了能做的事情，但是，看到伴侣陷入自我怀疑，他也感到很担心。他感觉自己无力支持她，也不知道要做什么才能帮助她。

成为"航母”的确是个挑战，它不仅深刻地揭示我们是什么样的大人，而且揭示我们曾经是什么样的孩子。“飞机”可以对他的“航母”有什么样的期待？他期待什么样的回应？当我们是孩子时，我们有过什么样的“航母”？我们的“航母”是否也有过他们自己的“航母”呢？

成为一艘“航母”需要另外一套动机系统，我们称之为“照护（caregiving）系统”。caregiving这个英文单词很难准确地译成法文，因为它涵盖了照顾能力的好几个方面。既要让孩子在身体上成长，又要给他提供心理上的支持。儿童精神科医生兼精神分析学家唐纳德 · 温尼科特[1]区分了两

1 Donald Winnicott, *La Mère suffisamment bonne*, Petite Bibliothèque Payot, 2006.

种类型的照顾：抱持 (holding) 和照料 (handling)。

抱持是指母亲给予孩子的所有关心，以及她在身体上（将他抱在怀里、摇晃他等）和心理上（母亲能够考虑到孩子的情绪）抚平孩子焦虑的能力。

相比于抱持，照料是更实际且更有效的，对应着慷慨地为孩子提供的照顾，比如给他洗澡、换衣服、穿衣服，等等。

现在是下午5点左右。就像每天晚上一样，艾尔莎开始哭泣。儿科医生认为她肚子疼，对她进行治疗以减轻她的痛苦。埃洛蒂感受到女儿此刻的脆弱，她想尽一切办法让女儿放松下来。这时她启动了照护系统。

感受到一个人的脆弱是激活这个系统的信号，在这个系统中，你可以给那个有需求的人提供支持和鼓励。我们被别人的困境所触动，那是因为他需要帮助。通常情况下，这个信号并不是很明显，我们需要学习如何去破译它。不过我们能在自己内心深处感受到这种信号，它就像是一种难以抗拒的呼唤，让我们去照顾别人，给他们提供帮助。于是我们成为照护者 (caregiver)，即“提供照顾的人”。

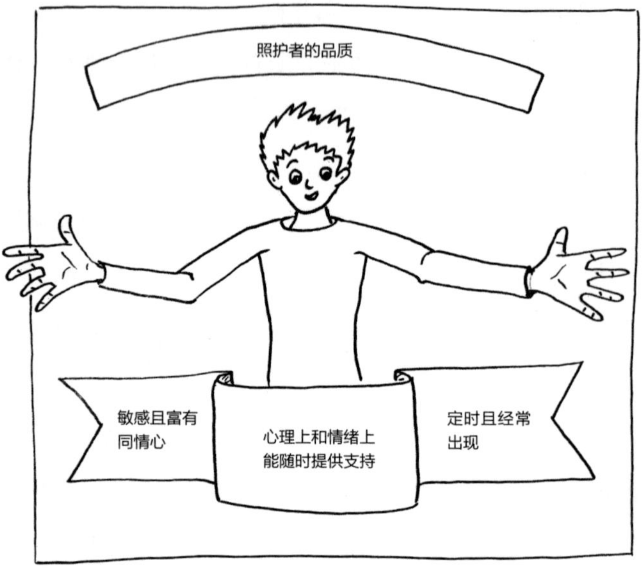

我们在身体上和情绪上照顾着我们的“飞机”，定时且经常地出现在他身边。

我们的照护系统是私人的、独特的，它有时影响着我们的职业选择。

卡米耶决定成为一名育婴员。这些需要被专注地细心照料的小孩让她很受触动。而伊莎贝拉则下决心从事社会工作者的职业，因为在她看来，引导人们办理错综复杂的行政手续是很重要的事情，那是人们终其一生都要面对的。奥利维耶选择成为精神科医生，因为情绪上的经历在他看来对人的影响是最大的，长久以来他都在思考心理痛苦的来源以及回应它的方式。

当这三个人围坐在一张桌子旁就一个案例进行探讨时，他们并不总能达成一致，因为对他们每个人来说，“起作用”的并不是同一种脆弱。卡米耶感觉到这个被送进儿科的宝宝非常脆弱，而伊莎贝拉理解父亲的财务困境——他无法如自己所希望的那样撑起他的家庭，而奥利维耶则看到母亲巨大的精神痛苦，这些痛苦与她自己的创伤记忆有关。

我们的目光受我们对他人脆弱的独特感知的指引，我们有时必须去发现那种最严重的脆弱。孩子在成长发育阶段确实是最脆弱的。成年人的关心需要围绕着孩子，不过在这个等级体系中，任何人都不应该被遗忘，因为父母也需要帮助。

“航母”的三种品质

所以我现在是“航母”了，我是父母、育婴保姆、教师、教育者、法官……可是，我需要有怎样的能力“储备”才能完成任务呢？有三种品质非常有用，让我能够解读我的“飞机”的需求。

▶我应该是可以接近的

我的“飞机”必须知道他可以过来停靠，而且“甲板”没有被其他飞机挤满，或者无论如何，当他需要停靠时他都会有自己的位置。这种认知既在心理层面也在身体层面起作用。由于拥有这种认知，我们的“飞机”能够找回身体上的亲近感，这让他们得以调节内心的警报系统。这一标准意味着在空间上可以接近。而且这种探索还包含着孩子心理运动（psychomoteur）的发展：在遇到危险的时候，我们的小孩便手脚并用疯狂地跑来靠近我们，并且紧紧抱住我们的腿。

这种容易接近的状态源于我意识到自己要对“小飞机”负责，如果他感觉需要来停靠，那么我必须有能力让他可以接近我。当然，并不总是可以，而我需要能够明确地把这一点告知我的“飞机”。

埃里克在家工作，因为他是自由工作者，在家里开展自己的职业活动。通常，他2岁半的女儿夏洛特是由保姆和他轮流照顾的。白天，他经常离开位于客厅角落的小书桌来跟女儿玩。但是，有时，一个紧急电话会打断这些默契相伴的时光。埃里克很高兴能够给夏洛特提供这样的生活方式，因为他们很享受彼此陪伴的时光。但是，夏洛特经常显得很烦躁，还会大发脾气。埃里克不理解她的态度。他感觉自己时刻都在女儿可触及的地方。他不明白，当他时不时地沉浸在工作中，比如写一封电子邮件，女儿让他觉得难以捉摸时，他对女儿来说并不是可以接近的。她感到担心，于是通过反抗的行为表现出来。

有很多限制因素会将我们的日程安排得满满当当，这会影响我们的可接近性。我们经常抱怨没有足够的时间，经常用这样的话来回应孩子的需求。他们经常听到“马上就来！”这种话。我们并不是任何时候都处在孩子可接近的状态。孩子可以理解我们有不得不做的事情，但是他需要明白“航母”的信号：“甲板”上的“灯”是绿色(可接近)还是红色(不可接近)？

玛农刚返回学校，她在大操场上不知所措。她认得自己的老师，知道在教室里可以接近老师，但课间休息时，

她的老师
??
玛农

情况很复杂。所有的老师在一起聊天，她的老师看起来很忙，她不知道在自己有需要的时候，可以依靠哪个老师。

有很多例子反映这种不可接近的状态。显然，我们不能随时都处于可接近的状态，不过给我们的飞机提供清楚的信号至关重要。为了理解这一点对孩子情绪管理方面的影响，让我们假设自己正受到威胁，希望能联系上一位亲友。刚发生了一场车祸，我们虽然逃过一劫，但是感到非常害怕。于是我们渴望听到“航母”的声音和建议，但是他的电话转到了语音信箱！我们找不到他。我们的大脑比孩子的更成熟，我们要试着一个人平静下来。这种自省的机能在年幼的孩子身上还没有发育成熟，他没法做同样的事。想象一下孩子的困境和他因此而产生的焦虑吧。

▶我应该是空闲的

这里的空闲是指一种心理上可以自由支配的状态，要先做到能够不让担心或忧虑持续占据头脑。这又是我们成为父母道路上的一项挑战。我们发展出各种巧妙的办法，以管理这些消耗我们的情绪：做运动、进行心理咨询、修行、找个人发展教练……

实际上，我们深切地感受到，这种品质对于孩子和我们自己的全面发展同样重要。这份追寻是我们存在的一个关键线索。它让我们不仅能倾听他人，也能倾听我们自己的内心。它让我们拥有更好的关怀特质，也对环境有了更客观的认识。它让我们发展出一种更确切的生活意识，更具洞察力。

埃莉斯请了育儿假，她可以在第二个孩子洛伊克出生头几年里尽可能享受和他在一起的时光。简出生之后，她觉得自己没能看着女儿长大，既没有看到她学会走路，也没能对她日常的小发现发出赞叹。于是，夫妻俩做出了新的安排，埃莉斯可以花三年时间来照顾家庭。这样，对家人来说，她就随时都有空了。可是这很难，她原以为有时间做很多事情，最终发现并不是这样。大家都依靠她，因为大家认为她是有空的，但是她的头脑被各种落在她身上的任务填满。她的丈夫马克在公司开会到很晚。埃莉斯照看家庭。当她真正思考这份空闲时，她意识到，归根结底，她在心理上并不空闲。家务、采购、安排孩子们的活动、一日三餐、夜晚因为洛伊克醒来而辗转难眠……还有对职业发展的不确定、她再也没能见过的朋友们、她不再有时间经常光顾运动俱乐部……她很难从这一连串不停歇的思绪中挣脱出来。

▶我应该是敏感的

“航母”的最后一件——但不是无足轻重的——装备：敏感性。敏感通常被看作脆弱的同义词。感知情绪、感受悸动或者受到情感的触动，这些能力让有些人感觉太过脆弱。然而，这是一份宝藏，它让我们意识到自己是人。这种敏感性让我们与庞大的情绪场相连接，根据神经科学领域的观点，这些情绪对于我们有效进行理性思考是必不可少的。

安东尼奥·达马西奥 (António Damásio)[1]认为人类和动物的意识可能源于情绪，“如果没有情绪反应，我们不能意识到大脑之外的对象、情景和事件，无论是在我们身体里的还是在外界的”[2]。

当父母的职责明确出现，要调动起我们的敏感性和

1　安东尼奥·达马西奥，美国南加州大学神经科学、心理学和哲学教授著有《笛卡儿的错误》等书。——译者注

2　« La conscience est née des émotions », interview d' Antonio Damasio par Jean-François Marmion, *Sciences humaines*, mars 2011. https://www.scienceshumaines.com/rencontre-avecantonio-damasio-la-conscience-est-nee-des-emotions_fr_26801.html.

情绪体验有时不太容易。我们作为“飞机”的时候经常用遗忘或者否认的方式掩盖自己作为孩子的痛苦；当我们成为父母时，所有这些又重新被唤起，在我们不经意间，突然且猛烈地闯入我们的脑海。然而，我们已经看到，出生后的前几年,孩子在情绪表达上具有明显的优势，他还不具备成年人的合理化倾向，因而会用情感交流的方法来表达他对于安慰鼓励的需要。如果没有这种意识，成年人没有通过情绪转译对其进行解码，那么交流就会变得很困难。依恋对象将无法解码孩子的期待，甚至会感觉受到了冒犯。父母和孩子并没有使用同一种交流方式，他们说的不是同一种语言。那么他们怎么能相互理解呢？如果“航母”不理解请求，它要怎么回应他的“飞机”呢?

安托万的妈妈爱丽丝童年经历很坎坷，她有一个生病的妈妈和一个经常不在家的爸爸。她感觉自己是一个人长大的，她在成长过程中将自己太过痛苦的情感体验搁置一旁。她在人生路上遇见了自己的伴侣亚瑟，后者对她关爱有加，爱丽丝很想和他有个孩子。他们结合生下了安托万，爱丽丝百感交集。这让她很困扰，她感觉自己过往的情感经历破坏了她的稳定感。在等候室里，一个小型机器人玩具突然启动，吓到了安托万，爱丽丝不能马上理解为什么他会哭，因为对她来说，她感觉不到害怕。她训斥安托万让他乖一点，不要打扰到坐在这个狭小空间里的其他人。

如果我们为了不受太多苦已经学会从情绪中抽离，那么，要想跟我们的感受和情绪重新建立联结就太难了！虽然抽离的策略在我们面对令人痛苦的事件时常常为我们提供保护，但是这种情感“麻痹”对于要履行职责的父母来说成了一个不利因素。面对孩子的信号，如果无法体会到情绪，无法感受到情绪在我们内心深处振动，那会变成一种难以跨越的障碍。但是跟自己的情绪相连不是一份美好的礼物吗？这些情绪本身让我们获得自我意识。这些情绪就像是没有包装好的礼物，而我们的孩子则鼓励我们重新与情绪连通。有时我们很抗拒，因为我们对于自己将要面对的事情感到害怕。无论如何，这要比防御模式带来的痛苦少一些，防御模式把我们禁锢在怀疑的机制中，不利于我们构建平和从容的关系，更不利于个人全面发展。

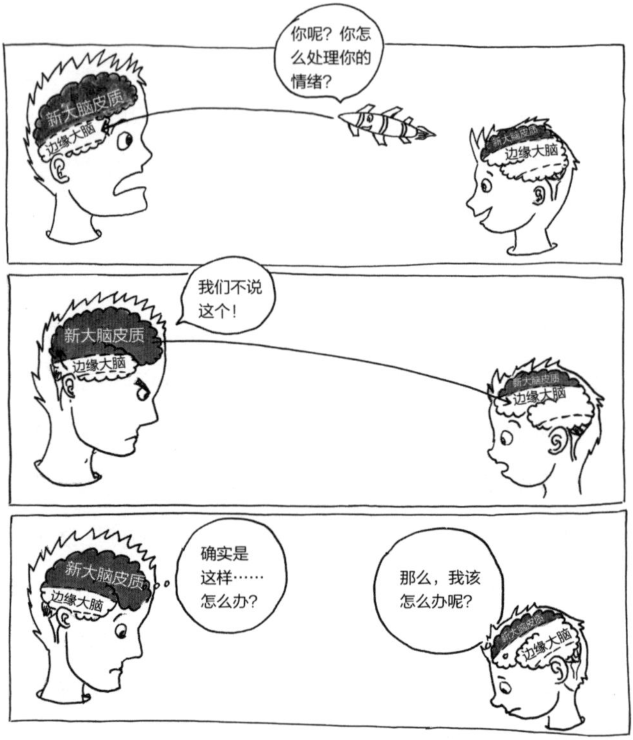

玛丽昂是2岁的弗洛朗的妈妈，但是她不理解儿子。她前来咨询是因为她在面对他时束手无措。她无法解读他为何哭泣。她想不到跟他一起玩的方式。她认为弗洛朗对于妈妈提议的活动不感兴趣，然而当他自己随心所欲地玩耍时却格外专注。当他哭的时候，她不知道说什么才能让他平静下来。她认为他很任性。她发现他学东西没有其他人快。她很担心他的睡眠，他入睡很晚而且夜里会醒。她不知道为什么他不愿意吃自己准备的饭菜。她感觉自己孤立无援。弗洛朗的父亲在儿子出生之后就离开了他们。他认为这个孩子来得太快了，自己没有做好准备。玛丽昂的父母住得很远，而且没什么空闲，她不敢向他们请求帮助。于是，无奈又无力的玛丽昂认为儿子很烦人，甚至觉得他在折磨她。怎样才能让她从这种恶性循环中解脱出来？她从来没有接受过帮助，也不知道要去请求帮助。她甚至觉得请求帮助是可耻的，或者说，那会为她招来麻烦——人们可能会把她的孩子夺走，因为她没有能力照顾他……

敏感性是成为依恋对象——成为父母，成为我们所说的照护者——的一个基本的品质。敏感性通常很难恢复，要允许自己偶尔寻求帮助。成年人认为去见妇幼保护中心（PMI）[1]的工作人员、去找助产士交谈或者去看心理医生是没用的，这些都会过去……确实都会过去，但是对于孩子来说，这个阶段很艰难，他们会很痛苦。照顾好我们

1 妇幼保护中心（Protection maternelle infantile，PMI）是法国为保护母亲和孩子设立的公立机构。——译者注

自己也是送给孩子的一份美好的礼物，这样我们才能更好地照顾他。

当“航母”遭遇困境

做“航母”不容易，而当我们经历风暴的时候就更难了！我们看到了，依恋系统跟探索系统是连在一起的，只不过模式相反。依恋系统和照护系统一样。当“航母”遭遇恶劣天气，并感觉自己陷入危险时，他无法再感知到“小飞机”的脆弱。他忙着阻止沉没，应对考验，无暇他顾。

奥雷莉和马蒂亚斯是罗曼和罗曼内的父母，他们经过漫长的体外受精才有了这对漂亮的双胞胎。为了实现生育的梦想，这对父母必须经历大量治疗。在希望与失望之间、在检查和等待之间，所有这些情绪上的跌宕起伏对他们来说非常痛苦。在整个过程中，他们经常感觉自己受到威胁，他们激活依恋系统来试着保持情绪平衡。怀上双胞胎是个重大消息，但由此引发了家庭安排问题，这也成为忧虑的来源。两个无与伦比的小家伙出生了，这对他们的父母来说并不容易。他们也时常需要“航母”，那要如何自如地回应孩子的所有期待呢？幸好，他们的家人行动了起来。他们也提前做了准备——向专业人士寻求帮助以支持他们度过这个艰难而棘手的阶段。

在人生的这个阶段，风暴会频繁来袭：经常扮演航母角色的父母或祖父母去世、身体原因导致难以怀孕、孩子早产、职业或财务困境……所有这些事件都会影响我们的从容态度和敏感性。作为照护者，意识到这一点很重要，这样才能为探索世界的“小飞机”找到平衡。在这种时刻，寻求帮助让我们有机会学习依靠其他人，突破我们对评判的恐惧。这是一个展现韧性的好机会。

“飞机”如何理解“航母”的信号

“飞机”和“航母”之间的沟通并不总是顺畅的。航空无线电通信系统有时会被干扰，电波被情绪振荡扰乱。“飞机”的信号没有得到解码，“航母”没法提供安全状态让“飞机”平稳地降落在“甲板”上。“飞机”需要根据自己的理解，或者他以为理解的“航母”信号进行调整。他发展出一些调整适应的策略。

孩子一出生就配备了一套依恋系统，这套系统会根据依恋对象的回应构建起来。

“安全型”依恋模式

在第一种情况下，当“飞机”表现出苦恼时，他会得到支持和安慰。他知道，如果他感觉自己陷入危险或者受到威胁，他的“航母”是可用的、容易接近的、敏感的，能够在他需要的时候在情感上靠近他，让他重新找回自己的情绪平衡。

13个月大的马修刚开始走路。他要去探索那个小台阶，跨过台阶就可以抵达那个向他张开双臂的好看的滑梯，但是他没有判断好台阶的高度，磕到了膝盖。一位他不认识的阿姨看到了这个场景，过来帮助他，这个陌生人让马修感到很不安。他哭起来，并且向自己的妈妈伸开双臂等待她的安慰，想要更靠近她。妈妈亲热地爱抚了他很久，说他应该觉得很疼，因为这个地方的地面是水泥的，而他的小膝盖被狠狠地磕了一下。

马修的感受得到肯定：是的，磕一下应该会让他觉得很疼；是的，他有理由寻求妈妈的帮助；是的，他可以信赖她。

重复这些“微小的”日常经历会让孩子明白：他可以相信他的“航母”，因而也可以推而广之，去相信其他人。他可以寻求帮助而不必问自己这是否合理。他也学着相信自己的感受，因为妈妈告诉他这就是会让他觉得很疼。相反，如果她让他坚强、不要哭，因为这只是个小伤口，那么他会认为自己的感觉并不真实，他会不再相信自己。自尊的发展也有赖于“航母”的目光和回应。这是他的基地，他的安全港湾，不仅能感知他所遭遇的危险并安慰鼓励他，而且让他能够重新出发去探索。这是一个良性循环。

在这种情况下，“小飞机”发展出一种安全型的依恋模式。这让他有能力去面对人生的经历：不仅对自己有信心，也对他人有信心，懂得寻求帮助并且认为有办法应对生活的挑战。这些都是真正的保护因素。

缺乏安全感的“回避型”依恋模式

有的“航母”在心理上并不总是空闲的。他们太忙了，有很多事要操心。或者因为他们的依恋对象生病了，或者他们不知道如何做“航母”，他们在童年的时候没有“航母”。于是，他们排斥孩子——他们实际并不自知。他们全身心投入工作，从来都不会把时间分配给孩子——相比于孩子（很难理解他们在说些什么），工作不会在情绪上带来那么多危险。

皮埃尔是位年轻的爸爸，他在职业上正经历一个艰难的阶段。他刚刚换了工作，上级领导对他的业绩有很多要求。他不知道要如何面对这些工作负担。他的伴侣玛蒂尔德觉得自己准备好当妈妈了，而他感觉没有理由让她等更久。在内心深处，长久以来他都害怕成为父亲，哪怕他也同样向往期待着。他在三岁的时候经历过父母离婚，他能胜任吗？他的青年时代充满了冲突和争吵，为了尽可能减少痛苦，他把自己封闭起来。玛蒂尔德同样很孤独。他们两个人恰好找到了彼此，他们各自保持独立，同时理解对方。他们都有自己的朋友圈和喜欢的体育活动。他们的生活以这种有规律的节奏进行着，直到萨拉出生。这个充满生命力的漂亮宝宝时刻要人抱着，她打乱了这对夫妇的生活安排。皮埃尔有很多工作和会议，回家越来越晚。玛蒂尔德感觉自己非常孤独，她对自己为萨拉做的所有选择感到怀疑。

随着时间的推移，小女孩明白她的父母没有空闲的时间和精力给她。她用几个月的时间让自己适应了这种情况，为了避免主要依恋对象的缺席带来太多痛苦，她想出了一套策略。她要尽快独立，保证能够独自找到答案以解决自己想要安慰鼓励的需求。渐渐地，为了减轻缺少关爱带来的痛苦，她会跟自己的情绪切断连接。她学会了跟父母的行为模式达成妥协，他们在遭遇困境时没有获得过安慰鼓励，但是

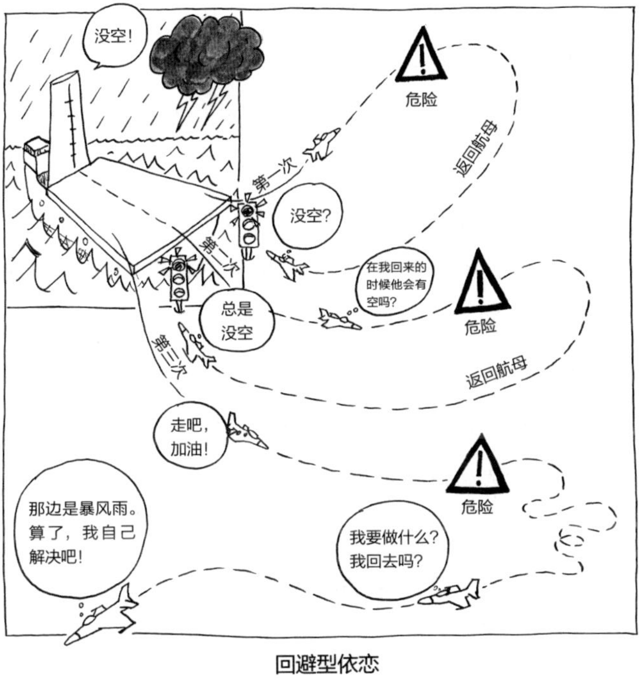

回避型依恋

他们尽力参照自己的人生经历来做父母。她会从“航母”上起飞，但不会飞太远，因为她知道自己没法获得补给。她不会成为大探险家，因为没法期待能停靠在一艘“航母”上，最好还是保持谨慎。当然，她拥有这样做的潜力，只不过她对自己没有信心，对他人也没有信心，她很难去新世界冒险。她的谨慎阻碍她去发现自己所拥有的宝藏。

萨拉的依恋模式是“回避型”。这个小女孩没有过能够信赖“航母”的体验，她很快学会了独立，但是她感觉自己没有得到可以去探索的支持。面对人生考验她会更脆弱，因为她认为自己没有能力克服考验，她认为不可能信赖任何人，她无法寻求帮助。她会经常感觉自己很孤单并且不被理解。她的父母不知道她所经历的所有这些事。他们尽己所能，基于自己的经历和人生记忆来做父母。但是，在意识到自己所承担的责任时，他们将能够一起以一种全新的方式与自己和其他人建立关系。

缺乏安全感的“矛盾抵抗型”依恋模式

在“小飞机”的飞行传奇中可能会出现第三种情况。我们过着动荡的生活，处于压力状态中，时而有空时而没空。但是我们没有在“甲板”上设置信号系统，我们的“小飞机”无法提前知道他将面对怎样的情况。

卓伊是三个孩子的妈妈：老大克莱门4岁，是经历了漫长的体外受精后生下的。老大出生18个月后，双胞胎克洛伊和卡布西娜出生了。这是一次意外的自然怀孕。夫妻俩很快安排了育儿假，爸爸帕斯卡努力给全家人寻找一个新的地方安家。他很在意生活质量，他决定搬到外省，以实现平静的生活。但是一家人远离了祖父母（他们会经常过来帮助夫妇俩）。这一大群“小飞机”让他们做父母的任务变得很复杂。有时，哪怕他们很在意，还是没法妥帖地回应每个孩子。他们努力让自己尽可能有空并且轮流陪伴每个孩子。卡布西娜似乎在这个过程中难以适应。她不停地要妈妈，不能忍受妈妈照顾克洛伊，或者在爸爸要带克莱门去上学的时候哭起来。她很爱哭，似乎对父母给的回应永远不满意。

有些孩子似乎比其他孩子对依恋对象空闲与否的信号更敏感。这就像他们需要在“航母”上看到红灯或者绿灯一样。他们认为“航母”必须始终关注他们的需要，如果他们感受不到这一点，他们就会不停地向照护者确认。他们似乎始终处在极度需要帮助的状态，任何安慰似乎都无法消弭这一点。他们要求拥抱，然后又不想被抱。他们好像永远不满足。处在父母的位置，处境就变得很可怕。

随着时间的推移，为了得到主要“航母”（父母）或次要“航母”（托儿所阿姨、老师）的关注，这些“小飞机”会采取挑衅和反抗的态度，只有这种办法能引起注意。父母没法给朋友打电话，因为我们的孩子不断要求我们关注。老师很难照顾跟这个学生同班的其他孩子，因为他一直在讲话，躁动不安，打扰他的同学。接连不断的需求会让“航母”们变得越来越疲惫和易怒。

精疲力竭的父母不想再去陪卡布西娜，因为即使他们付出了努力，似乎也无法满足她。无计可施的父母感受到小女儿的敏感，对此他们想到的是“任性”“专横”“苛求”这些形容词，还有她的愤怒，这些愤怒似乎完全超出了日常生活微小失望的范畴。卡布西娜会发怒，有时会说出过分的话，甚至会对父母做出攻击行为。他们从来没有想过会被孩子打。为什么她会这么不听话呢？家里没有电视，夫妇俩也没有用这种暴力的方式沟通过，那么她这种暴力行为是从哪里来的？克洛伊开始效仿她，这样的家庭氛围远非这对父母在不孕的那些年里所渴望的理想状态。

人们把这种依恋模式称作“矛盾抵抗型”。

这些孩子似乎比其他孩子更需要安全感，尤其是，他们更在意“航母”能否清晰传递信息。通常，父母没有回应他们想要回到“航母甲板”上的亲近需求，而是采取一种拒绝的态度。孩子被打发到远处以便安静下来。“去你的房间，等你冷静了再回来！”“伊莎贝拉，校长在教室里等你，她会看着你，直到明天。”

人们确实很难理解孩子首先需要靠近他的依恋对象的需求。在这种情况下，他的信息是混乱的，而大人疏远的回应只会加重他的焦虑，由此激活他的依恋系统，加重他的行为障碍。我们现在处在一个非常痛苦的地狱式循环中，结果就是关系变得疏远。

“安妮医生，卡布西娜这么易怒，要怎么对她表达友好呢？如果她向我们展示她所付出的努力，我们会变回亲切和善的样子。她需要向我们证明她的诚意！”

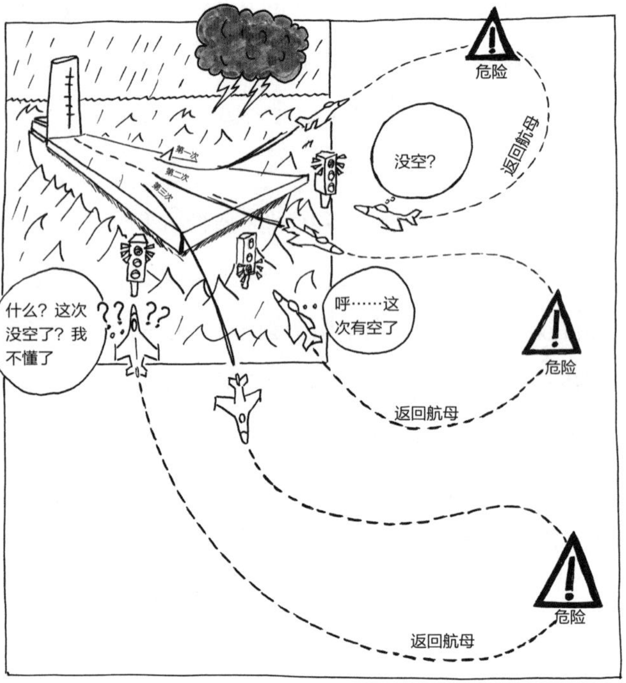

矛盾抵抗型依恋

让孩子自行调控依恋系统和焦虑情绪是不可能的。如果依恋对象没有给出开始的信号，就没法进入良性循环。如果让一个在学校里爱吵闹的孩子在各个班级间轮转，那他不可能实现稳定，他躁动不安的行为不会改变。如果卡布西娜的父母不给她特别的关心，那么她将持续对依恋对象没空的状态感到焦虑，变本加厉地继续她那种极度求关注的沟通模式。

“混乱型”依恋模式

最后一种情况会发生在“小飞机”被“航母”攻击的时候。负责向他提供安慰鼓励的人让他陷入了危险。在这种情况下，“小飞机”的指南针失控了，他迷失了方向。

梅丽莎19岁，她是罗宾的妈妈。这个孩子并不是她想要的，他出生在一个有家庭暴力的环境中，梅丽莎尽其所能地照顾他。一方面，对她来说照顾这个宝宝很艰难；另一方面，他像一道阳光，有时会带给她些许希望。多年以来，她和伙伴们住在废弃的空屋里——那些伙伴也流浪街头。她最终在一个救助之家找到了庇护，并开始安定下来。一位社工帮了她很多，但是很不幸，她刚刚离开，去了另一个地区。对于梅丽莎来说，这不是个合适的时间，她刚成为妈妈，而她很难跟其他人建立起关系。因为在过往的经历中总是遭到背叛，所以她难以信任别人。现在，这个小宝宝看起来很脆弱，而她却不知道怎样去照顾这个孩子。育婴员来见过她，但是梅丽莎觉得自己不能胜任照护者的角色。经常是罗宾哭了，她害怕做不好，于是就让他独自冷静下来。有时，她疯狂地亲他：这个孩子也给她带来了这么多快乐！

梅丽莎在人生中不曾拥有过“航母”，当她遇到危险的时候，既没有人安慰她，也没有人支持她。她学会了独自解决问题，她不相信任何人。这个宝宝，他对安全感和安慰的需要常常令她费解。她已经有很久没有跟自己的情感建立联结了，这对她来说太过痛苦。于是，有时，她对罗宾温柔有加；而有时，他没完没了地哭，她便大叫起来，让他一个人在床上待上很久。她不会打他，但会疏远他。罗宾没法理解他的“航母”：她既能给人安慰，同时又是危险的。他可以信赖这位依恋对象吗，还是他应该对她感到害怕？在这个脆弱的、完全依赖妈妈的小宝宝看来，他的妈妈有时似乎很可怕。

这种依恋模式被人们称为“混乱型”。“航母”引发威胁，却不能缓解这种状况，对于罗宾来说，他不可能跟这位和他一样无助的妈妈进行沟通。如果不做些什么来协助这位妈妈，保护宝宝，那这种行为模式会成为一种危险因素，这个宝宝在未来可能会产生心理或精神方面的障碍。

混乱型依恋

怎样成为给人安全感的“航母”？

理解所有这些人际关系的关键问题是让行为更符合孩子需求的重要的第一步。首先接纳这些信息，哪怕还没有把方法技巧投入实践，由此父母就会以不同的方式回应他们的孩子，理解在愤怒或者被他们看作任性的行为背后有着根本的焦虑：害怕失去“航母”的亲近感和空闲时间。这种焦虑是孩子无法用语言表达的，它会带来一些我们有时无法解读的行为，让我们采取一种往往与孩子的需求相违背的态度。在这种情况下，孩子、父母和整个环境都很难获得平静。重建一种给人以安全感的关系模式，需要成年人付出努力，孩子在没有照护者帮助的情况下没法独自做到这一点。

当我们对于孩子的期望，以及对什么有助于他们成长有了更清晰的认识，我们便可以找到解读他们那些难以理解的行为的线索。承认他们的恐惧，或者承认他们对安慰的需求会改变我们与他们的相处模式。这种改变有时很微妙，但是对于孩子来说是客观存在的。小孩子对于这种变化非常敏感，他们常常会给出相当明显的回应。

没有说明书或者课本教我们去感受“小飞机”什么时候需要帮助。这些情感是个人且私密的，并不遵循通用的规则。情绪通过唯一且独特的经历，在一个特定的背景下将两个人联系在一起。

我们和自己、和我们的安全感需求建立联结，思考谁是我们的“航母”，去感受恐惧和无助有时会让我们怎样惶恐，这些都是可行的办法，能帮助我们更深切地理解孩子们对安全感的需要。

缺少“航母”、形单影只的父母要想找到支持并且给孩子安慰是很困难的。如果在一家无法让人安心的公司工作，回到家要显得从容闲适也是很难做到的，家里的“飞机”们只等着我们回家让他们停靠，听他们倾诉一天里所有烦乱的情绪……我们不是超级英雄——我们的孩子也不需要我们是超级英雄。

安全型“航母”的三个标准

做一艘能给人安全感的“航母”并不是件简单的事！如果有好几架“小飞机”就更不容易了。在这场杂技的平衡练习中有三个标准应该能指引我们：协调一致性、可预见性和稳定性。这三个词既相似又各有不同。

保持协调一致：我们似乎并不总能看出自己的矛盾所在，但是我们说的话常常带有不一致的地方，让我们的孩子感到困惑。

“尼古拉，你是世界上对妈妈最重要的人，我特别爱你。但是，现在，我没有时间照顾你……”

“蒂米奥，你知道我不同意你玩电子游戏，不如玩乐高，让爸爸写会儿电子邮件，这对爸爸来说很重要。”

“蒂奥，今天晚上爸爸来托儿所接你。”但是最终，爸爸没有空，是保姆来的。这样的事经常发生，以至于蒂奥不知道晚上会见到哪艘“航母”，这让他非常不安。

我们的行为时不时会有些不一致的情况。当然，要把一切都预料到是不可能的，需要留下一些惊喜，但是当到处都是惊喜的时候，孩子就看不懂是怎么回事了。缺乏一致性会激活他的依恋系统，他必须找到办法来应对。

保持可预见：能把话说得清楚明了并不容易。重要的并不是提前预知所有要发生的事情，而是在阶段性推进的过程中能够说清楚事情将会怎样发展。

斯蒂凡尼是一名销售，克丽丝黛尔是护士。他们把生活安排得井井有条，以便在照顾孩子的同时不影响工作。他们中有一个人晚上一定会在家照顾孩子们睡觉。要对所有这些职责应对自如并不总是件容易的事，但是他们对自己相当满意，因为他们很少需要请临时保姆。然而，哄睡并不简单，阿蒂尔在白天越来越难应付，会做出一些反抗举动，这时只有3岁的他已经像个“小大人”一样。还有西多妮，她不停地问白天的安排。可是，妈妈已经给她解释过不下百遍了！

我们能在头脑中规划日程表，并对我们的一天或者一周有一个整体的印象，但孩子是做不到的。因而他需要一些基准点才能从容地安排自己的一天。如果没有这些，一切都变得无法预期，他必须一直让自己适应新事物，而这会成为焦虑的来源，继而引发躁动不安、愤怒、发火或者挑衅。

做到可预见，还意味着能够对身处婚姻冲突中的孩子解释情况：“你知道，爸爸和妈妈有时会争吵，但是，此刻我们还深爱对方，不会分开。如果有一天我们决定分开，我们会告诉你的。”

我们有时努力对孩子掩饰自己的内心状态，以致告诉他们的信息和他们所看到的是相反的。

艾琳的妈妈不断跟她说：“别担心，爸爸和妈妈之间一切都好。”然而艾琳看到他们不停地激烈争吵。后来有一次，爸爸在一夜之间不见了，他搬走了。

我们不需要跟孩子解释一切，我们应该保护他们不受夫妻关系问题的影响，但是他们竖起小雷达，可以感知到很多事情！我们可以通过简单的描述把大致情况告诉孩子，无论孩子多大，跟他分享这些都是很重要的。不要觉得他年纪小所以什么都感觉不到。恰恰相反，他感受得到紧张，但是还没有足够的认知能力理解这种情况。

保持稳定：保持协调一致、可预见和稳定。这些术语像是近义词，但正是它们的互补性构成了安全型依恋的坚实基础。

卡萝尔和托马斯无法再和睦相处，他们决定分开。虽然为了避免走到这一步，他们已经做了所有尝试，但还是无法克服挑战。然而，艾利欧还小，他们真的没想过要让这个宝宝和他们的家庭经历这些。现在他们需要做出安排，商定如何照顾这个小男孩。卡萝尔和托马斯都不希望长时间远离他们的儿子，他们决定共同分担照看工作。尽管作为成年人的他们有一些困难，但是他们顺利地统一了意见。他们知道，面对这场分离，对艾利欧来说这是衡量安全感的一个重要标准。但是他们的工作时间并不是始终合拍的，所以在几个星期里，他们会配合卡萝尔作为护士

的时间表，托马斯同意了。艾利欧将分别在父亲和母亲身边各待两至三天，以实现平衡。

稳定的首要标准就是不用面对父母冲突，其次是照护的安排，尤其是分别在父亲和母亲身边过夜的天数。这可能在父母看来是稳定的，但是对于孩子的情绪体验而言则完全不是。规律性和稳定性应该纳入安排的考量标准，以便回应孩子对安全感的需求。

情绪安全感能让孩子拥有一个安全型的依恋模式，它并不要求父母做到“完美”。这不现实。父母也不需要做超级英雄，即使紧张繁忙的生活似乎让我们坚信需要如此。情绪和敏感性才是我们的财富，是让我们与孩子进行沟通的工具。他们的安全感取决于我们能否关心并且倾听他们的需求，在危险的情况下能否有空且在他们可触及的范围之内。我们没法在精神上始终保持自由空闲的状态，而承认这一点是很重要的。

卢多维克昨晚下班回家时非常忧虑。但是，他明显感觉到威廉需要跟他讲一讲白天在学校的生活。他选择把自己关在书房里回复紧急邮件，因为这些邮件占据了他的心思。在吃

早餐的时候，他向威廉解释说昨天遇到了麻烦，他感觉自己没有时间陪伴他。如果威廉需要跟他讲话，可以今天早上来讲。

这种情况对于卢多维克来讲并不多见，他总是把儿子的事放在让自己忧心的其他事情前面，但是有时太难了。像这样一方面告知儿子，一方面恢复从容自如的状态，他在“航母”的“甲板”上设置了一个有效的信号系统。

准备视觉化标记

“马克西姆，一会儿我们要去奶奶家。你快一点儿。你很清楚你要去待好几天。你会在那里睡三个晚上，然后爸爸和妈妈来接你。你会玩得很好。你多幸运啊！不会很久。但是你快一点，我们要像平时一样迟到了。我喊得很累。”韦罗妮克说。这有点像每天早上去上学或者晚上去洗澡时的情景！这位有三个孩子的妈妈感到很疲惫。她感觉一直在奔跑、叫喊、讨价还价……她感觉马克西姆故意拖延，让日子乱成一团。如果他听话的话，事情会很顺利！马克西姆4岁，是老大。他的两个双胞胎妹妹在“航母”上占据了很多位置……他很喜欢妈妈在早上帮他穿鞋。他本可以有至少多几分钟跟她相处的宝贵时光。他曾经享受过妈妈只照顾他一个人的时光。但是妈妈感觉他已经长大了，觉得他可以讲道理。她忘记了或者不知道，他的大脑还没有发育成熟，无法理解所有这些指令。

一会儿、马上、立刻、很快……对我们的孩子来说，这些词都没有什么意义。时间对马克西姆没有产生影响。他还没有获得这种安排时间的能力，对于时间没有清晰的认识。

我们的孩子还没有加入这场可怕的赛跑。对他们来说很幸运——争分夺秒的赛跑决定了我们每天的节奏，让我们不停地说："我没有时间！"手表控制着我们的生活。害怕迟到，害怕堵车，害怕因在超市等待结账而错过与医生预约好的时间……这些压力因素悄无声息却大量入侵我们的生活。于是我们把孩子带进同样的螺旋中，而我们不明白他们不懂这些！

要求马克西姆赶快，因为他要去奶奶家住三晚，告诉他周五早上妈妈会跟着去休假，这在我们的头脑中是清晰的，但是对他来说真的是一道谜题。"那妈妈，你什么时候来接我呢？"这个问题他问了上百遍，尽管答案已经告诉过他了。

我们已经看到，孩子的大脑在最初几年里尚未发育成熟，而大脑的思考受到焦虑的干扰。马克西姆的妈妈认为儿子去爷爷奶奶家特别好，但是对马克西姆来说，这意味着他要离开主要的“航母”。于是，他很担忧，他的依恋系统被略微激活，出现焦虑。情绪和记忆被混在一起。

孩子成长发育的时间节点

大约2~3岁，孩子开始区分昨天和明天，没法分辨刚才和很久以前。

大约4岁，他开始理解“早上”“中午”“晚上”是什么意思。他能够通过睡了几觉来判断自己的时间。

到大约5岁，他可以描述季节。

6岁，他能够区分并叫出一周七天的名字。

要到大约7岁，他才开始看时间，理解像“后天”“前一天”或“三天前”这样的表述。

▶日历

为了帮助马克西姆，安妮医生请马克西姆的妈妈制作一个小日历。父母两人做了一点手工，将照片粘在小磁铁上，还做了一个小型图表。暂住到爷爷奶奶家，马克西姆需要知道：他白天待在哪里，哪艘“航母”会叫醒他，哪艘“航母”会哄他睡觉，什么时候他会回到主要“航母”身边。

如果没有爷爷奶奶家以及将要照顾他的人的照片，他就没法明白。他还没有掌握符号化的工具。他没法理解“奶奶”是粉红色，“爷爷”是蓝色这种表述。

现在，妈妈给他做好了一周的日历，这对他来说就容易多了。有些日子他要去学校：他知道谁会送他，谁会接他（爸爸、保姆，有时是一位代班保姆）。他还会知道经常出差的爸爸是否会陪他入睡。他不需要在夜里叫醒妈妈来确认爸爸是否在家。他不需要看爸爸是去练柔道了，还是去食堂了，因为他不再过度担忧了。

这些视觉标记对孩子来说很有帮助。这让他们可以接收并记住信息，在一天的活动中变得更从容自在。如果没有它，孩子一整天都会想着这件事，不会调动探索能力去发现所有待他去探寻的东西。

在这里，我们再次看到依恋系统和探索系统之间的竞争，它解释了为什么有那么多孩子在日间活动时并不从容。没完没了的忧虑占据了他们全部的心理可支配空间。

大约两年前，瓦莱丽和加布里埃尔成为夫妻。结婚几个月之后，瓦莱丽怀孕了。虽然这场怀孕来得有点儿快，但是他们感觉自己充满爱意柔情，他们觉得可以共同经历一场美好的冒险！然而，自从朱尔出生之后，事情变糟了。加布里埃尔不明白为什么瓦莱丽没有那么多空闲时间给他了。气氛变得紧张起来，加布里埃尔决定分开，他们建立夫妻关系还没有多久，但他在其中找不到自己的位置了。他们之间冲突不断，大部分情况是因为儿子的问题。当轮到加布里埃尔接儿子一起待几个小时的时候，他总是没空。瓦莱丽不理解这位前任的态度。而且，他总是向朱尔承诺要去看望他或者给他打电话，孩子等着他的来访或者电话，却什么也没等到。

对于不一致和缺乏可预见性，孩子是完全无法处理的，他们会处在一种等待的状态中，注意力悬在将要发生的事情上。无论父母的生活怎么样，他们有必要承担起责任，努力关注一致性、稳定性和可预见性，这些对于孩子的成长发育和情绪安全感至关重要。对于分居的家庭，视觉化的标记对孩子来说是一项能够给他足够安全感的东西，尤其是，如果这些视觉标记可以使孩子在两个家庭之间的切换变得有连续性。比如，一位家长说好的通话应该被明确安排在一天中的某个时段，这样孩子就可以从这份期待中解放出来。

换位思考，想象某天我们在等一个有关新工作的非常重要的电话。你会像往常一样参与其他活动吗？你会对同事的请求给予百分之百的关注吗？不会，你不可能把这份期待从你的头脑中消除。对孩子来说，他在等依恋对象的重要电话时，情况是一样的。所以，在孩子情感体验中发挥重要责任的成年人，要非常关注孩子需要的这种一致性。

▶时钟或沙漏

设置视觉标记还可以用显示时间流逝的物品，比如小型时钟、沙漏或者计时器。“一会儿就是洗澡的时间了”这句话对孩子的神经回路是没有意义的。而且，这种强制要求通常出现在孩子感觉自己放不下游戏的时候。如果你正在写一封重要邮件，你会欣然同意去做一项家务吗？那不一样，那是你的工作，你必须在第二天交给你的老板？但是对于孩子来说，完成已经开启的故事是最重要的事情，他的小玩偶上了救护车，必须去医院。突然之间，他必须放下所有事情，而且要收拾好，去洗澡，接下来是吃饭、刷牙和睡前仪式，继而结束这一天，另外，睡觉的时候就不能待在父母旁边了。

这种时间上的压力让孩子感觉自己是完全依赖依恋对象的安排的，没有一丁点儿“人身自由”。他必须毫无抵抗地屈服于“自上而下的”命令。就像家养小动物一样，他必须服从每道指令，否则他就扰乱了家庭生活，是“不听话的”。

有规则和框架来支配家庭的生活是正常的，但是我们同样要意识到，我们整天在给孩子下命令。快一点儿、收拾你的房间、穿上鞋、该洗澡了、去刷牙……回想一天当中我们的态度。我们的日程表按分秒计算，事项非常密集，容不得一点反抗，但是我们把孩子的时间观念问题放在哪里了呢？我们如此频繁地说出“马上”“之后”“稍后”，以此向孩子表达我们没有空闲。要知道，只有我们给他们最低限度的空闲时间，他们才会接受我们的约束。

当孩子面对连续不断的命令时，他会感觉对他的“小存在”完全失去了控制。我们要求他成熟和理性，那为什么强迫他闭嘴和服从，既没有权利思考也没有权利表达呢？

焦虑不安的孩子为了处理压力问题，会采取过度控制的策略，这让他有时变得很专横。“不，爸爸在车里给我系安全带，妈妈关门。不然我就要大发脾气了！”而且，如果父母不倾听他的需求，还不停地用指令来强迫他，冲突不会停止，亲子关系中充满了讨价还价。这不是让孩子按自己的方式去选择和安排事情的问题，而是在他的生活中给他留下一片空间。

有规律地使用时钟或者沙漏可以在这种情境中提供支持。比如，在早上去学校之前，或者在洗澡之前，可以让孩子感觉他并没有处在完全被支配的地位，并不是完全没有表达的机会。你可以在准备出门或者洗澡前一刻钟，在他身边放一个小型时钟，告诉他指针在哪里的时候就到时间了。这时，你可以用一种积极的方式跟他说：“哇！在跟我一起出门或者洗澡之前，你还有这些时间。”关键在于，不要用限制性的句子“强迫”他：“你只剩这些时间来结束你的游戏了。”把时间客观化会让他有机会管理时间并且承担起责任。

很可能他会觉得时间有点短，但是他会感觉“重新”获得了掌控权，或者不管怎么样，能够更独立自主地控制自己的时间了。有时他还是会对完成指令发出抱怨，但是不会再讨价还价，因为从最开始就有一个清晰且客观的信息。这些是通过使用孩子能看懂的视觉标记来实现的。会响的定时器和数字闹钟没法实现这些功能，因为孩子无法读懂其中的信息。

宝贵时光

虽然我们都觉得自己在陪伴孩子，但是我们真的跟他们在一起吗？在这些与孩子共享的时光里，我们是否达到了刚才提到的、心理上空闲的状态呢？我们是否经常想着很多需要操心的事，或者时刻记挂着一直放在旁边的手机的消息？我们的小宝宝，他们会更快地独立……为了让他们不无聊，我们给他们安排了那么多活动！可是，看样子他们时刻需要我们，总是向我们发出请求，"趁着"夜晚或吃饭的时候——这时我们通常"摆脱了"必须要做的事情——来找我们，邀请我们，有时来纠缠或者招惹我们。我们为什么不把这些时间给他们，而要让他们觉得自己必须来乞求呢？

波利娜2岁半了。这个容光焕发的小姑娘很机灵，她的父母形容她精力很充沛，充满活力，她不断要求父母陪在自己身边。夜晚充满了挑战，而且小女孩非常执拗，这对父母因此感到筋疲力尽。尽管房间里满是玩具，但是她不肯独自在里面玩，她也不肯自己吃饭或者试着穿衣服——可她在托儿所里做得很好！她喜欢吸引妈妈的注意，尤其是当妈妈赶时间的时候，妈妈得安顿好她才能快点走。波利娜找到了缠住妈妈并且“偷”得几分钟的“妙招”。即便妈妈看起来生气了，但仍然会花时间来照顾她。她胜利了！

我做了几年全科医生，然后做精神科医生和父母学院的主任。这些年里，我观察到所有这些行为模式，我在其中看到了孩子们想要跟父母共度美好时光的迫切需求。而且在这些相处模式中，人们会借助电子屏幕：面对面时，情绪会不可避免地交汇，相比之下，以电子屏幕作为中介来分享某样东西更让人安心。父母经常觉得自己在场并且跟孩子一起做了很多活动，最后仔细一看，几个星期过得太快了，周末也是！

于是，我提出了“宝贵时光”这个概念。

我们跟孩子说过很多次我们爱他，说他对于我们来说很珍贵，说他点亮了我们的生活，可是，他只能很艰难地求得几分钟与我们相处的时间？我现在会给那些带着易怒、躁动不安、失眠、搞破坏或者蛮横无理的孩子前来看诊的家庭开具“宝贵时光”的处方。这些表现都显示出一种隐藏的不安，一种对亲近感的需求，以及内心深处对情绪安全感和人际关系安全感的需要。让我们回顾一下“航母”的特质：空闲、敏感和可接近，由此带来基于协调一致性、可预见性和稳定性的安全感。这些特质汇集在“宝贵时光”之中。

“宝贵时光”处方

这就是我的“处方”：陪伴孩子一刻钟，每周两次，比如每次一位家长来做。由父母来决定这个特定的关系场景什么时候发生。不需要像仪式一样安排在每周的同一天或者同一个时刻。孩子只需要知道他每周将享受两次这样的时光。兄弟姐妹不应该影响这段“宝贵时光”。

比如，对于约瑟芬妮来说，妈妈不会等到小弟弟卢卡午睡的时候才把时间用在她身上，否则，她还是会感觉得到的是剩下的一点儿时间！任何因素都不能干扰这一刻钟——电话不行，其他家庭成员也不行。这应该是一个享有特殊待遇的时刻，是一份宝藏，就像一个悬浮在加速前进的生活之上的泡泡，无论对孩子还是父母都有好处。

这份“宝贵时光”应当满足三个标准：

用在孩子身上的时间应该是他“可以控制的”。使用一个带指针的小闹钟（不要数字的）或者一个沙漏，孩子应当能够获取这个完全属于他的时空的信息。虽然这段时光看起来有点儿短，但是它的质要胜过它的量，因此它是“宝贵的”。不用每天都做，那会让它失去价值。这段时光应该有明确的起点和终点。因而不要做会超过一刻钟、可能会打破这项设置框架的活动，这很重要。如果你打算跟孩子玩一小时的游戏，你可以安排一次特殊的“宝贵时光”，比如，“全家休息”，然后以放松休闲的方式跟孩子玩耍。

应该有一句话开启这段“宝贵时光”：作为让孩子进入另一种聆听状态的信号。“我希望花时间和你在一起，因为你对我来说很重要。”我们对他的爱是最为重要的，他需要听到这一点。但是爱这个概念有时在他看来很虚幻。“你没有时间给我，总是责骂我，而我必须通情达理，理解你对我的限制……那爱是什么？”这个词包含了很多情感，充满爱意的心动、面对好看景色或美味佳肴时所感受到的情绪，孩子难以理解，有时我们也难以理解。这时“重要”这个词对孩子来说可以产生不一样的回响，使用它的同时父母要用实际行动对孩子展现出空闲的状态。

最后，当时间开始倒数时，“宝贵时光”将要结束，到了跟孩子分享积极感受的时候了：“跟你在一起真愉快！”“花时间陪在你身边真开心！”“能够这样跟你一起玩我很高兴！”……通常，在不自知的状态下，我们会对孩子“发牢骚”——“你真烦人。”“我没时间。”“去你的房间里，我不想再看见你，我不想再听你说话。”这些话会让我们的孩子受伤。即使它们通常表明我们已经忍无可忍了，并且有时反映了现实情况，但重要的是通过鼓励的话让孩子明白，我们和他在一起是快乐的，这会让他对自己和他人建立起信心。

约瑟芬妮的妈妈艾玛开始实践“宝贵时光”。一开始，约瑟芬妮并没有跟着妈妈进入这场冒险，她甚至破坏了“宝贵时光”。“不，我不想要，你很坏……”这时，艾玛对她说：“随你的便，没关系，不管怎样我还有其他事情要做！”

约瑟芬妮的拒绝不是她的真实想法。甚至相反。实际上，小姑娘发现妈妈为刚出生三个月的弟弟卢卡而忙碌，她希望不要占用妈妈太多的时间，不要让妈妈太累……但是，在她的内心深处，她还没有长大，她很愿意和妈妈一起度过这段“宝贵时光”。可是她的大脑还不能识别情绪，无法意识到这些。这就需要艾玛来解读并告诉约瑟芬妮，妈妈希望花时间跟她在一起。孩子还无法清楚地表达自己的需求，需要成年人来破译。

后来，艾玛巧妙地邀请女儿帮她寻找一个被遗忘在抽屉里面的小玩具，约瑟芬妮很快放下心来，跟妈妈度过了一段美妙的时光。后来，当妈妈给卢卡喂奶的时候，约瑟芬妮不再纠缠她了。

▶“宝贵时光”的一些示例

这段时光有点特别，孩子将充分享有父母的亲近感和空闲时间。因而，这段时光应当在一个受到保护的地方度过，形成一场亲密而又独特的面对面交流。最好在孩子的房间，或者一个不会受其他家庭成员干扰的地方。户外活动不太适合这种类型的互动。这是一个专门给孩子的空间。这段时间让你们有机会吐露心声并形成新的默契。因此，要让孩子带领你探索他的兴趣和游戏。或许你将发现孩子隐藏的很多方面。

索利纳的爸爸托马斯也开始给女儿安排“宝贵时

光”。他意识到自己因此而重新发现了花时间陪伴孩子的快乐，他曾经觉得索利纳既恼人又爱挑剔。于是他思考是否能跟大女儿露迪薇娜做同样的事情，她5岁半了，看起来很矜持。虽然她不说什么，但是她那些贬低自我的话让他很担心。

托马斯是对的，所有孩子都需要“宝贵时光”。但重要的是，不要同时以同样的方式向他们“分发”“宝贵时光”。在这个案例中，索利纳有行为障碍和隐藏的焦虑，她一上来就表现出对于“宝贵时光”的需求。通过专门为她设置“宝贵时光”来确认她的问题，对她而言，这表示父母感受到了她的痛苦。将这种方式推而广之意味着所有人都会得到同样的对待，让这份宽慰到她的认可化为乌有。不过托马斯或者艾玛可以“用自己的方式”为露迪薇娜打造专属的时光。

这种行为上的积极响应让孩子安心，孩子需要知道“航母”是否空闲，而“宝贵时光”可以满足这种需求。这并不是一份用来“复制粘贴”的“处方”，在面对孩子合理的期待时，我们要意识到作为父母的责任。虽然这个方案显得有点儿死板，但它是一个基础，孩子和他的照护者可以借助它修复关系，这种关系经常会因为缺席以及缺少关注被削弱。

结语

成为负责任的父母

我们的孩子是需要呵护的宝贝。我们对他们的成长负有重大责任，这要求我们全神贯注。我们已经一起在小朋友成长的核心地带逛了一遍。他还那么小就在探索世界，试着破译解读它，他并不能理解所有的事，要依靠跟依恋对象的关系来完成理解。他会感到害怕，比我们想象的更容易害怕，而这会影响他的行为。他害怕照顾他的人离他太远，害怕对方在心理上没有给他留下空间，或者接收不到他的呼叫——这常常要通过解码才能实现。

正是在这一点上，依恋理论的知识和关系的力量给我们带来了启发，帮助我们理解孩子成长的这条路。这个理论无法解释一切。它帮助我们理解在关系建立和发挥作用的过程中发生了什么：只有当孩子找到内在的精神力量，能处理自己的恐惧时，他才能探索生活，拓展新的能力，面对生活的挑战，更好地学习和发现。所有这些能力都来自他在生命最初几年所建立的关系的质量、照顾他的人陪伴他的质量、他的成长环境——他的家庭、教育和社会圈层——的质量。

社会神经科学领域的研究证实了这个假设，并且鼓励我们留意关系。关系是个体真正的基础联结，它关系到对情绪安全感的需求。我们都以各自的方式照顾着身边的孩子，而理解关系和解码关系为履行照护者职责提供了关键的信息。无论孩子是我们的——亲生或者收养的，还是我们在托儿所或者学校里照顾他们，再或者我们负责安排他们的环境，我们最终都是这个巨大链条中的一环，为他们提供茁壮成长所需要的安全感。

这份安全感需求对成长中的个体至关重要，并且起着决定性的作用，这就是为什么一些人认为它是“元需求”——它是一个先决条件，如果没有安全感，接下来的成长会十分困难。虽然“爱”在孩子的成长中很重要，但是体验到情绪安全对个体来说是最基本的。因而，建立起这些早期的关系具有决定性的意义，但这不是决定论，因为我们可以通过很多经验重新阐释在生命最初几年里刻下的蓝图。但是，一旦它被纳入一个人为人处世的结构系统中，就更难被修正了。

这是庞大的计划！不要有负罪感，要对这个问题负起责任：为我们的孩子构建一个“安全的”环境。

在个人层面，意识到我们的孩子需要这份情绪安全感作为他们成长的基础，会让我们反思自己在他们的生活中所提供的一致性、稳定性和可预见性。

◉ 孩子出生后，我们是否重新安排了优先级，以满足他对安全感的需要，并陪伴他度过刚刚出世这段敏感的时期？

◉ 在家庭生活的组织安排上，我们是否留心要共同构建一个稳定而平静的空间，在这里，冲突不会超过我们对他的关心？当家庭要重组的时候，我们能否围绕孩子的安全需求，建立协调一致的照护方式？

◉ 在我们履行照护者职责时，我们是否用心给他提供了一个安全的空间，在这里，成绩表现或竞争并不会比个人发展更重要？我们对屏幕之外的联系和一对一的关系给予了怎样的重视？

正是在家庭中，这些关系发挥着全部的力量。根据这套理论，塑造孩子情感环境的主要依恋对象尤为重要。他们给他提供了成长发育和独立自主的关键要素。

在机构层面，无论我们是教育者、教师、护理者、法官、调解者、寄养家庭抚养者、机构领导者还是政策制定者……我们都在某个特定的时刻在孩子的人生轨道上扮演了照护者的角色。

◉ 要进入这些为孩子服务的职业，我们是否足够了解这些基本的需求，并为此接受了足够的培训？

◉ 我们是否理解自己行为的后果，尤其是在孩子生命最初这段敏感的时期？

◉ 我们的机构制度是否根据这些新的知识做出了调整，推动实际行为的转变，还是它仍然令我们的孩子充满不安全感？

要让所有帮助孩子的机构都为孩子们提供安全感通常是很难的，这些机构自身还在经历重组且充满危机感。这根安全感的传递链条遭到了破坏。这让我们重新思考，保护未来一代的精神健康面临哪些关键的问题。客观具体的科学知识可以为我们的思考提供支撑。

在社会层面，同样有着很大的挑战。因为从广义上讲，这场深入一个人成长历程的旅行远远超出了个人的范畴，它指向集体层面。比如在公共健康领域，它促使我们重新思考我们在预防措施方面的做法。社会运行的问题也受到拷问。如果我们多留意一点，我们会看到“安全”“安全政策”“边境保护”这样的词无处不在，是很多演讲中的内容。在我们的社会中，可见或不可见的冲突和战争，经常让我们变得多疑，我们有时甚至会进入防御状态。怎么能不思考正在出现且不断增长的暴力、极端化、袭击呢？怎么能不考虑物质和财务上的不安全感可能会影响我们处世和与人联系的方式呢？

我们所有人都要行动起来，去寻找情绪安全感，因为这是我们生命本质的基础一环。

我梦想着能告诉自己

如果我们每个人都更清楚地意识到

这种情绪安全需求

——我们自己的、亲人朋友的

以及我们遇到的所有人的

——那么我们就可以：

换一种眼光看待他人，

超越怀疑，

超越我们一直无法解读的行为和态度

对我们的关系做出信任的解读

……

重新找到在一起的快乐，

展现出这种存在的幸福

……

致谢

非常感谢

卡特琳娜

萨拉

阿尼尔

洛朗斯和米歇尔

以及所有在这部作品中

闪耀的人们

图书在版编目（CIP）数据

儿童的情绪安全感 /（法）安妮·雷诺·波斯特尔著；
柯梦琦译 . —上海：上海三联书店，2023.9
ISBN 978-7-5426-8163-8

I. ①儿… Ⅱ . ①安… ②柯… Ⅲ . ①儿童 – 情绪 –
自我控制 Ⅳ . ① B844.1

中国国家版本馆 CIP 数据核字 (2023) 第 125472 号

儿童的情绪安全感

著　　者　［法］安妮·雷诺·波斯特尔
译　　者　柯梦琦
总 策 划　李　娟
策划编辑　张碧英
责任编辑　宋寅悦
营销编辑　都有容
装帧设计　潘振宇
封面插画　芊　祎
监　　制　姚　军
责任校对　王凌霄
出版发行　上海三联书店
（200030）中国上海市漕溪北路331号A座6楼
邮　　箱　sdxsanlian@sina.com
邮购电话　021–22895540
印　　刷　北京盛通印刷股份有限公司
版　　次　2023年9月第1版
印　　次　2023年9月第1次印刷
开　　本　787mm×1092mm　1/32
字　　数　93千字
印　　张　6
书　　号　ISBN 978–7–5426–8163–8/B·855
定　　价　48.00元